Linguistische
Arbeiten 35

AF878810

Herausgegeben von Herbert E. Brekle, Hans Jürgen Heringer, Christian Rohrer, Heinz Vater und Otmar Werner

*Bruno Strecker*

# Beweisen

## Eine praktisch-semantische Untersuchung

Max Niemeyer Verlag
Tübingen 1976

CIP-Kurztitelaufnahme der Deutschen Bibliothek

**Strecker, Bruno**
Beweisen : e. prakt.-semant. Unters. – 1. Aufl. –
Tübingen : Niemeyer, 1976.
(Linguistische Arbeiten ; 35)
ISBN 3-484-10250-0

ISBN 3-484-10250-0

© Max Niemeyer Verlag Tübingen 1976
Alle Rechte vorbehalten. Ohne ausdrückliche Genehmigung des Verlages ist es auch nicht gestattet, dieses Buch oder Teile daraus auf photomechanischem Wege zu vervielfältigen. Printed in Germany

## VORWORT

Die ursprüngliche Fassung dieser Arbeit wurde Ende 1973 abgeschlossen. Sie wurde vom Fachbereich Neuphilologie der Universität Tübingen als Dissertation angenommen. (Gutachter: Prof. H.J. Heringer Prof. O. Werner). Die vorliegende Fassung ist in einigen Punkten überarbeitet. Die Grundidee ist so m.E. besser zum Ausdruck gebracht. Für Kritik und Anregung danke ich den Herren Professoren H.J. Heringer und O. Werner, sowie meinen Freunden M. Caillieux, G. Öhlschläger und R. Wimmer.

Januar 1976 Bruno Strecker

INHALTSVERZEICHNIS

What is the use of studying philosophy if all it does for you is to enable you to talk with some plausability about some abstruse questions of logic, etc., & if it does not improve your thinking about the important questions of everyday life, if it does not make you more conscientious than any ... journalist in the use of the dangerous phrases such people use for their own ends.

Ludwig Wittgenstein in einem Brief an Norman Malcolm

# 0 ÜBER NATUR UND GEGENSTAND DER UNTERSUCHUNG

Es gibt populäre Probleme, die jeder sieht, und Probleme, die zu sehen einiger Anstrengung bedarf: Man muß erst um Ecken denken, will man sie erkennen. Ihre Abgelegenheit macht sie als nutzlos verdächtig, aber, wer gelernt hat, der Nützlichkeit des Üblichen zu mißtrauen, kann feststellen, daß oft gerade diese Probleme von grundlegender Bedeutung sind. Von dieser Art scheint der Gegenstand dieser Untersuchung zu sein. Sie ist nicht auf die offensichtlichen Probleme gerichtet, die für gewöhnlich im Zusammenhang mit Beweisen gesehen werden. Sie teilt nicht die Meinung, daß es vor allem darauf ankommt, die Praxis des Beweisens so zu ändern, daß sie ihren Namen verdient. Sie glaubt, daß diese Praxis im wesentlichen nicht zu ändern ist, und daß die Probleme, die wir mit ihr zu haben scheinen, weniger damit zusammenhängen, daß sie ungenügend ist, als damit, daß wir uns einen falschen Begriff von ihr gemacht haben. Es geht uns mit dem Beweisen wie Augustinus mit der Zeit:[1] Solang wir nicht versuchen herauszufinden, was es damit auf sich hat, wissen wir ganz gut, was wir zu tun haben, wenn etwas zu beweisen ist. Wir wissen es noch, wenn wir anfangen, uns zu fragen, was es ist, das wir dabei tun, aber der Begriff, den wir uns vom Beweisen machen, wirkt zurück auf die Praxis, weil wir sie zunehmend in seinem Licht verstehen. In diesem Sinn kann auch bei dieser Untersuchung ein Praxisbezug gesehen werden, wenn wir uns auf der Grundlage begrifflicher Klärung Rechenschaft geben, wie wir Beweisen als Handlung im Zusammenhang der Handlungen unserer Lebensform einzuschätzen haben.

Der Sinn dieser Untersuchung besteht darin, dazu beizutragen, daß einige Irrtümer über das Beweisen zurückgenommen werden. "Die Probleme werden gelöst, nicht durch das Beibringen neuer Erfahrung,

1 Augustinus, Confessiones XI, 14: "Quid est ergo tempus? si nemo ex me quaerat, scio; si quaerenti explicare velim, nescio."

*sondern durch Zusammenstellung des längst Bekannten.*"[2] Die Meinung, unsere Praxis des Beweisens sei unbefriedigend, hat Züge einer Zwangsvorstellung. Man wird ihr nur dann mit Aussicht auf Erfolg begegnen, wenn es gelingt, die Ursachen des Zwangs aufzuspüren und zu zeigen, daß sie auch anders zu verstehen sind, so daß ein Zwang zu dieser Meinung nicht besteht. Dazu wähle ich zwei Beispiele von Situationen, die zu Unzufriedenheit mit der Praxis des Beweisens führen können. Sie erschöpfen nicht die Möglichkeiten, das Problem anzugehen, aber sie können als Paradigma dienen.

Beispiel (1)

Zwei Leute sind darüber in Streit geraten, ob jemals Menschen auf dem Mond waren oder nicht. Der eine bemüht sich zu beweisen, daß Menschen dort waren, aber ohne Erfolg. Er wendet alles auf, was ihm an einschlägigem Wissen zu Gebote steht, aber der andere bleibt stur. Er sagt nur: "Das glaub ich alles nicht. Das ist längst nicht bewiesen."

Beispiel (2)

Ein Mann steht vor Gericht. Er ist angeklagt, seine Frau umgebracht zu haben. Gegen ihn wird vorgebracht, daß er, wie Zeugen aussagen, mehrfach gedroht hatte, sie zum Schweigen zu bringen, wenn sie ihm weiter auf die Nerven gehe. Weiterhin, daß er der letzte war, der sie lebend gesehen hat, und daß das Messer, mit dem sie erstochen worden ist, ihm gehört. Außerdem hätte er fürchten müssen, daß seine Frau die Scheidung einreichen würde, was ihm sehr unangenehm hätte sein müssen, weil er dadurch um die Chance gebracht worden wäre, in den Genuß des Geldes zu kommen, das seine Frau geerbt hätte. Das Gericht hält aufgrund dieser Vorbringungen für erwiesen, daß der Mann seine Frau getötet hat, obwohl der Mann darauf beharrt, unschuldig zu sein.

Zu Fall (1) möchte man sagen: "Es geht nicht an, daß jeder Trottel, wenn er nur äußern kann *Das ist kein Beweis*, darüber befinden kann, was als Beweis gelten darf. Schließlich ist längst klar, daß Menschen auf dem Mond waren. Wer sich weigert, das zu

2 Wittgenstein, 1953, I, § 109.

glauben, ist nicht ganz normal."

Im Fall (2) kann man selbst in die Position dessen geraten, der sich weigert, etwas als Beweis anzuerkennen. Man kann Gründe finden, warum man die Schuld aufgrund des Vorgebrachten nicht für erwiesen hält. Die Jurisprudenz scheint eine Formel gefunden zu haben, die erlaubt, beide Fälle befriedigend zu klären: Sie redet von "vernünftigen Zweifeln", die allein im Rahmen einer Beweisführung ernstzunehmen sind. Als Beweis hat demnach zu zählen, was über vernünftige Zweifel erhaben ist. Damit diese Formel in der Praxis von Bedeutung sein kann, muß bestimmt werden, was als vernünftiger Zweifel zu zählen hat, sonst ist das Unternehmen nur eine Verlagerung des Problems. Immerhin scheint der Untersuchung von Beweisen eine Richtung gewiesen: Es kommt darauf an, über das hinaus, was in der Praxis als Beweisen zählt, eine Bestimmung dessen zu geben, was vernünftiger Weise als Beweis zu zählen hat. Wie Beweise bisher geführt werden, kranken sie daran, daß sie allzu abhängig sind von intuitiven Elementen. Diese gilt es zunehmend zurückzudrängen zugunsten eines Katalogs von als vernünftig ausgewiesenen Beweismitteln, deren Verwendung im konkreten Fall ohne Rechtfertigung bleiben kann. Wenn bei einer Beweisführung nur diese Mittel verwendet wurden, ist ihr Ergebnis ein Beweis, unabhängig davon, was dieser oder jener einzuwenden hat. Alles in allem könnte man sagen: Man wünscht sich eine Beweisführung nach der Art der Arithmetik.[3] Dort werden exakte Beweise geführt, und es kommt kein Streit darüber auf, wann etwas als bewiesen zu gelten hat. Jedenfalls stellt sich das Nicht-Mathematikern oft so dar,[4] und nicht wenige Mathematiker und Logiker scheinen ihre Wissenschaft so zu begreifen, wie folgende Äußerung Tarskis zeigt:[5]

---

3 Im Sprachgebrauch des Mittelalters und der Aufklärung: der Geometrie. Siehe hierzu Viehweg, 1974, 92.

4 Besonders Linguisten, die sich mit ihrem Status als Geisteswissenschaftler nicht abfinden wollen und an der permanentesten Grundlagenkrise ihrer Wissenschaft zu verzweifeln drohen neigen dazu, Mathematik und Logik auf diese Weise zu mystifizieren.

5 Tarski, 1969, 70.

> Until the last years of the $19^{th}$ century the notion of proof was primarily of a psychological character. A proof was an intellectual activity that aimed at convincing oneself and others of the truth of a sentence discussed; ... No restrictions were put on arguments used in proofs, except that they had to be intuitively convincing. At a certain period, however, a need began to be felt for submitting the notion of proof to a deeper analysis that would result in restricting the recourse to intuitive evidence in this context as well. ... The analysis was carried out by logicans ...; it led to the introduction of a new notion, that of a formal proof, which turned out to be an adequate substitute and an essential improvement over the old psycological notion.

Danach scheint für die Logik erreicht, was allgemein erstrebenswert erscheint, ein Umstand, der die logische Beweistheorie als Maß für jede allgemeine Beweistheorie zu qualifizieren scheint.[6] Freilich ist bekannt, daß eine logische Beweistheorie nicht ausreicht, um die Fragen zu beantworten, die sich bei einer Problematisierung des Beweisens stellen. Sehen wir einmal davon ab, daß auch im Bereich der Logiktheorie bei weitem nicht alles so klar ist, wie viele dies gern hätten, so bleibt zu bemerken, daß eine logische Beweistheorie stets formal sein wird, daß sie dort endet, wo Beweise im Alltag anfangen interessant zu werden. Interessant werden Beweise dann, wenn etwas gesagt wird bzw. worden ist, das, wenn es akzeptiert wird, in das Leben von Menschen eingreifen kann. In solchen Zusammenhängen zeigt sich die Bedeutung des Beweisens, nicht in der Logik, denn "alle Sätze der Logik sagen ... dasselbe. Nämlich Nichts."[7] Dennoch scheint unbestreitbar, daß die Klärung des Beweisbegriffs in der Logiktheorie auch für eine allgemeine Beweistheorie von entscheidender Bedeutung ist. Mit ihr wurde der Rahmen abgesteckt, in dem die weitere Bestimmung vorzunehmen ist. Es wurde faktentranszendierend[8] die Form von Beweisens geschaffen. Jetzt kommt es noch darauf an, das formale Gerippe auf die konkreten Verhältnisse einer Welt zu beziehen. Im Jargon: daß die formale Struktur semantisch interpretiert wird.

---

6 Dieser Eindruck entsteht nicht zuletzt deshalb, weil Logiker und logicophile Linguisten überall zugegen sind, wo von Argumentation, insbesondere von Beweisen, die Rede ist.

7 Wittgenstein, 1922, § 5.43.

8 Für diese Auffassung der Logik siehe etwa Weinberger, 1975.

Es hat in den letzten Jahren vielfältige Bemühungen in dieser Richtung gegeben, auch wenn sie nicht immer unter dem Aspekt gesehen wurden. Besonders Linguisten und linguistisch interessierte Logiker haben sich hier hervorgetan. Ihnen ist vor allem dies zu danken: Nie zuvor hat das Verfahren more geometrico so explizite Formulierung gefunden, weshalb nie zuvor so einfach zu sehen war, daß dieses Verfahren notwendig scheitern muß.[9] Durch Formalisierung logischer Ableitungen wird der Nebel, den längere Schlußketten in Beweisführungen erzeugen, durchschaubar gemacht. Es gelingt nicht mehr, semantische Bestimmungen als logisch, und damit a priori und jeder Kritik entzogen,[10] auszugeben. Es gelingt nicht mehr, pseudologische Beweise für empirische Behauptungen zu liefern, in denen wesentliche Voraussetzungen versteckt sind. Alle Voraussetzungen sind explizit zu machen, was sich freilich für die Praxis der Beweisführung nicht unbedingt förderndd auswirkt. Es befriedigt vor allem jene, die - aus Gründen, die keineswegs klar sind - methodische Klarheit über alles schätzen. Tatsächlich wird das Problem des vernünftigen Zweifels zuungunsten derer radikalisiert, die sich von dieser Formel die Lösung ihrer Probleme erhoffen: Axiomatisch-deduktives Vorgehen[11] kann so verstanden werden, daß es dazu dient, sich gegen die eigene Vertraulichkeit abzusichern, die einen dazu bringen könnte, eine unausgesprochene Voraussetzung mitzumachen, ohne zuvor eine

---

9 Was nicht heißen soll, daß es insgesamt sinnlos ist.

10 Um die Untersuchung nicht noch mehr zu komplizieren, will ich die These, daß logische Gesetze a priori gelten, hier nicht problematisieren. Ich möchte jedoch darauf hinweisen, daß dies möglich ist und daß nicht wirklich geklärt ist, was mit der These gemeint ist. Tatsächlich können auch vermeintlich gültige logische Gesetze in Frage gestellt werden. Ein Beispiel gibt Lewis Carroll, 1939. Solche Fragen lassen uns hilflos erscheinen, und wir retten uns für gewöhnlich damit, daß wir sie als Unsinn ignorieren. Übrigens ein gutes praktisches Beispiel dafür, wie über die Frage, was ein vernünftiger Zweifel ist, entschieden wird. Ich habe an anderer Stelle versucht, diese Frage ernstzunehmen, freilich ohne eine Antwort zu finden, die mich zufriedengestellt hätte. Siehe hierzu Strecker, 1974. Die m.E. beste Darstellung dieser Problematik findet sich bei Wittgenstein, insbesondere in Wittgenstein, 1967.

11 Ich übernehme diesen Terminus von Viehweg.

Rechtfertigung gefordert zu haben. Die Forderung nach Rechtfertigung wäre hier gleichsam automatisch immer soweit wie möglich getrieben. Die Hoffnung, die daran geknüpft wird und die die Attraktivität dieser Methode verständlich macht, ist, daß man am Ende jeweils zu gesicherten Aussagen kommt, die man getrost, ohne sich um weitere unvernünftige Zweifel zu kümmern, bei Beweisführungen setzen bzw. voraussetzen darf. Diese Hoffnung wird - davon kann sich jeder selbst überzeugen - gründlich enttäuscht. Statt zu letzten Wahrheiten vorzudringen, erhält man einen unüberschaubaren Katalog von Propositionen, die als wahr erst auszuweisen sind. Man wäre längst bereit, vieles gelten zu lassen, was den eigenen Überzeugungen entspricht, aber die Methode läßt es dazu nie kommen.

Wenn die wahnsinnige Methode streng deduktiven Vorgehens bislang niemand zum Wahnsinn getrieben hat, dann deshalb, weil die Phantasie von Menschen nicht weit genug reicht, die nötigen Zweifel auszudenken, weil Menschen müde werden, was sie davor bewahrt, den Unsinn, den sie sich ausgedacht haben, zu weit zu treiben. Es scheint mir wahrscheinlich, daß der Wahnsinn dieser Methode längst zum Gemeinplatz geworden wäre, wenn ihre Anhänger versucht hätten, sie eine Zeit lang ernstzunehmen. Die Tatsache, daß sie dies nie getan haben, daß sie dem "psychologischen" Beweisbegriff treu geblieben sind, zeigt, daß es sich kaum um ein praktisches Problem handeln kann. Ihr Problem ist typisch das von Theoretikern: Sie sehen die Möglichkeit von Zweifeln ad infinitum und versuchen, sie zu unterbinden, unabhängig davon, ob ernsthaft die Gefahr besteht, daß die Zweifel je so weit getrieben werden.[12] Sie fallen einer Fehleinschätzung dessen zum Opfer, was wir tun, wenn wir versuchen, etwas zu beweisen. Sie glauben, daß es vor allem darauf ankommt, daß die Wahrheit von Aussagen erwiesen wird, und vergessen darüber, daß sie v o r j e m a n d erwiesen werden muß. Diese Fehleinschätzung kann Ergebnis der Unfähigkeit sein, die Grammatik von *beweisen* zu überblicken,[13] doch

12 Siehe hierzu Strecker, 1975.

13 Sicher spielt diese Unfähigkeit immer eine gewisse Rolle: Wer weiß, was es heißt, etwas zu beweisen, wird nicht auf eine axiomatisch-deduktive Methode verfallen.

das scheint mir in den meisten Fällen wenig wahrscheinlich. Naheliegender ist, daß man zu dieser Einschätzung gekommen ist, weil man gern hätte, daß sich die Sache so verhält. Nur so ist erklärlich, warum ein solches Verständnis des Beweisens trotz zahlloser Versuche, seine Aussichtslosigkeit zu zeigen,[14] bis heute Bestand haben konnte.[15]

Gründe dafür, daß mancher gern hätte, das Beweisen wäre so, wie eine axiomatisch-deduktive Beweistheorie nahezulegen scheint, sind leicht zu finden. Denken wir zurück an die Beispiele (1) und (2). Dort ist in der Tat eine Formel zu finden, die beide Reaktionen erklärt: In beiden Fällen setzen wir uns, unsere Vernünftigkeit, als Maß dafür, was als Beweis zu gelten hat. Wir können uns aber damit, daß wir hier entscheiden, so nicht zufrieden geben. Die Entscheidung ist zwar notwendig und unhintergehbar je meine, aber sie ist mit dem Anspruch verbunden, mehr als nur meine private Entscheidung zu sein. Sie ist unter Umständen als richtig zu begründen. Als Paradigma kann hier die Gerichtsentscheidung dienen: Das Gericht, das urteilen m u ß , verspricht sich von einem axiomatisch-deduktiven Beweisverfahren eine Entlastung des Gewissens, denn in dem Maß, in dem es gelingt, allgemeingültige Kriterien der Beweiswürdigung zu finden, verringert sich seine Verantwortung für das Urteil und dessen Konsequenzen. Im Idealfall ist es für sein Urteil so wenig verantwortlich wie die Rechenmaschine für die Höhe der berechneten Schulden. Der Wunsch nach solcher Gewissensentlastung ist ver-

---

14 Hier ist vor allem Viehweg zu nennen, der dieses Problem direkt angeht. Viehweg verweist auch auf die Tradition der Auseinandersetzung um den Sinn der axiomatisch-deduktiven Methode, der er das topische Argumentieren gegenüberstellt. Siehe Viehweg, 1974. Weniger offensichtlich, aber nicht weniger ernsthaft und anregend, ist Wittgensteins Beitrag zu dieser Diskussion. Einzelne Arbeiten sind hier nicht zu nennen, weil das Problem nahezu überall in seinen Schriften gegenwärtig ist.

15 Ich möchte keine Belege für meine Behauptung, daß diese Ansicht weiter besteht, vorbringen, da diese in Anbetracht meiner offenkundigen Einschätzung derselben den Charakter von Beleidigung annehmen müßten. Solche Belege lassen sich aber leicht beschaffen. Man braucht lediglich von Zeit zu Zeit Gespräche mit mancherlei Leuten darüber zu führen, was ein Argument ist und was nicht.

ständlich, denn die Bedingungen, unter denen die institutionalisierte Rechtsprechung zu urteilen hat, sind skandalös. Allerdings ist der Skandal anderer Art, als gemeinhin angenommen wird. Er besteht nicht darin, daß bislang keine wissenschaftliche Bestimmung zulässiger Beweismittel gegeben werden konnte, sondern darin, daß die Argumentation, die zum Urteil führt, durch den Zwang zum Urteil, das fast immer mehr ist als nur moralische Mißbilligung, von vorn herein pervertiert wird.[16] Tatsächlich ergibt sich die Notwendigkeit, Beweisführungen auch bei einem Dissens der Beteiligten zu einem Abschluß zu bringen, nicht aus der Natur der Argumentation. Sie ist vielmehr eine Forderung, die von außen an die Argumentation herangebracht wird.

Das Konstrukt eines vernünftigen bzw. nicht mehr vernünftigen Zweifels, mit dessen Hilfe diese Forderung als vernünftig ausgewiesen werden soll, ist für diese Aufgabe ungeeignet. Damit soll nicht gesagt werden, es sei witzlos, vernünftige von unvernünftigen Zweifeln zu unterscheiden. Nur steht diese Unterscheidung nicht außerhalb der Argumentation. Sie wird in ihr gemacht: Was vernünftig bzw. unvernünftig ist, kann gerade Gegenstand eines Disputs sein. Wo es nicht mehr zur Diskussion steht, sondern von den einen gegen die anderen einfach behauptet wird, heißt das nicht, daß nach objektiven Kriterien bestimmt worden ist, was vernünftig ist. Es heißt lediglich, daß eine Gruppe, die in sich - zumindest in der anstehenden Frage - darüber verständigt ist, was sie für vernünftig halten will, sich mit der internen Verständigung zufrieden gibt, sich von anderen mit dieser Behauptung absetzt und die Diskussion einstellt. Von Beweisen kann hier insofern die Rede sein, als sich die Gruppe, bevor sie zu dieser abschließenden Behauptung gekommen ist, argumentierend ihrer Übereinstimmung versichert hat. Darüber hinaus zu behaupten, daß, was ihr Beweis ist, auch anderen Beweis zu sein hat, ist reine Anmaßung.

Die Versuche, einen Beweisbegriff zu präzisieren, indem man - analog zur Entwicklung der logischen Beweistheorie - versucht, den Bereich möglicher Argumente zu restringieren, haben etwas

---

16 Siehe hierzu Strecker, 1975.

seltsames. Wer dazu neigt, dies zu versuchen, muß ein vorsichtiger Mensch sein. Er begnügt sich nicht damit, daß er jedes Argument, bzw., was als solches ihm gegenüber vorgebracht wird, akzeptieren kann oder nicht. Er möchte sich gewissermaßen gegen eigenen Irrtum versichern, indem er Beweise für Beweise fordert. Er erkennt nicht, daß er dabei immer schon in Argumentation begriffen ist. Genau das ist nämlich Sinn einer Beweisführung (argumentatio): darüber zu befinden, ob etwas wahr bzw. falsch ist. Es muß, damit ein Beweis möglich ist, nicht schon vorab ausgemacht sein, wie er auszufallen hat.

In einer Argumentation ist nichts jemals vom Tisch, solang jemand - auch ein Trottel - da ist, der sich dafür ausspricht. Man hat die Bedeutung von Argumentationen immer darin gesehen, daß sie zur Erkenntnis von Wahrheiten führen. Sicher stimmt es, daß wir deshalb argumentieren und versuchen, Beweise zu führen, aber entscheidend ist nicht, d a ß es zu einem Beweis kommt, sondern w i e es dazu kommt. Die Logiktheorie, unbeschadet sonstiger Verdienste, hat, indem sie den Beweisbegriff monologisch gefaßt hat,[17] vielen eine falsche Richtung gewiesen. Sie hat dies freilich nur beschränkt selbst zu verantworten: Tarski spricht nicht zufällig davon, daß ein "formaler Beweisbegriff" eingeführt wurde. Aber wer sich nicht Rechenschaft über die Bedingungen gibt, unter denen die Klärung des Beweisbegriffs in der Logiktheorie herbeigeführt wurde, kann auf den Gedanken kommen, daß der Beweisbegriff allgemein monologisch zu fassen sein müßte: Die logische Beweistheorie erreicht die Klärung durch Konstruktion formaler Kalküle.[18] Sie tut dies um den Preis einer Be-

---

17 Dies ist meines Wissens das übliche Vorgehen. Interessante Ausnahmen bilden die Arbeiten der sog. Erlanger Schule. Siehe etwa Lorenz, 1968, der Beweisen dialogisch bestimmt.

18 Solche Kalküle werden oft als formale Sprachen bezeichnet. Es ist denkbar, daß nicht zuletzt dieser abweichende Gebrauch von *Sprache* für die Annahme verantwortlich ist, daß eine axiomatisch-deduktive Beweistheorie auch für natürliche Sprachen möglich sein muß. In der Tat ist der Unterschied zwischen Logikkalkülen und natürlichen Sprachen anderer Art als der Unterschied zwischen Kunstsprachen und natürlichen Sprachen. Kunstsprachen sind nicht notwendig Kalküle. Sie sind lediglich künstlich geschaffen, d.h. nicht auf die "natürliche" Weise entstanden.

schränkung auf formale Eigenschaften von Sprachen, was ihr nicht schwerfällt, da Logik ohnehin nur mit diesen Eigenschaften befaßt ist. Man könnte auch sagen, sie befreit sich vom - für sie uninteressanten - Ballast semantischer Beziehungen, die wir in unseren Sprachen kennen und brauchen. Deshalb sind Wahrheiten, die logisch zu beweisen sind, grundsätzlich anderer Natur als die Wahrheiten unseres Lebens. Eine allgemeine Beweistheorie, die analog zu einer logischen Beweistheorie aufgebaut wäre, müßte, was für uns empirisch wahr ist, zu formal Wahrem machen. Zu erreichen wäre dies durch eine Kalkülisierung von natürlichen Sprachen. Eine solche Kalkülisierung, die nicht auf formale Eigenschaften einer Sprache beschränkt bliebe, ist - darin ist den Anhängern einer formalen Semantik recht zu geben - in gewissem Sinn nur ein technisches Problem, aber sie hat einen Preis: Sie ist nur möglich, wenn semantische Relationen insgesamt festgeschrieben werden. Eine solche Festschreibung, etwa:

*Wenn etwas ein Mensch ist, ist es ein Säugetier.*

kann unproblematisch sein, wie etwa bei unserem Beispiel. Sie ist unproblematisch, weil alle damit zufrieden sind. Sie kann auch strittig werden. Es zeigt sich, daß wir über das, was der Fall bzw. nicht der Fall ist, nicht so verständigt sind, wie das Reden von "unserer Sprache" nahezulegen scheint. Und die Kontroverse darüber, wie ein Wort zu verwenden ist, welche semantischen Beziehungen bestehen, ist weit mehr als ein Streit um Worte. "Indem wir die Sprache erörtern, erörtern wir faktisch die Frage, was als zur Welt gehörig angesehen werden soll."[19] Bei einer Kalkülisierung wird dann alles problematisch, was für gewöhnlich dazu führt, daß wir argumentieren müssen. Damit werden wir, wo wir eine Klärung des Beweisbegriffs erhofften, wieder auf Argumentation verwiesen.

Linguisten, die versuchen, semantische Relationen zu bestimmen, verfallen in denselben Fehler, den die Rechtsprechung seit langem begeht, nämlich, sich anzumaßen, darüber entscheiden zu

---

19 Winch, 1966, 25.

können, was der Fall ist und was nicht.[20] In dieser Frage wird niemand Anmaßung dulden. Sie bleibt offen. Das einzige, was allenfalls getan werden kann, ist Aufstellungen von Zusammenhängen zu machen, die erfahrungsgemäß von vielen anerkannt werden. Die Rhetorik kennt solche Aufstellungen unter der Bezeichnung Topoi, Gemeinplätze. Aber mit solchen Topoi ist nicht der Anspruch zu verbinden, der für eine Kalkülisierung notwendig ist.[21] Sie sind Hilfen für Beweisführungen, weil sie oft dazu beitragen können, sich schnell einiger Gemeinsamkeiten zu versichern, aber sie bleiben prinzipiell diskutierbar. Beweisen ist nicht dadurch möglich, daß eine Präzision dessen gegeben werden kann, was als Beweis zu gelten hat. Es ist möglich, weil wir in der Argumentation über ein Verfahren verfügen, andere zu überzeugen. Beweisen, "die Kunst zu überzeugen, steht notwendig mit der Art und Weise in Beziehung, wie Menschen einer Sache, die man ihnen vorträgt, zustimmen, und dann mit der Eigenart dessen, was man glauben machen will."[22] Damit ist der Tenor der Untersuchung bekannt: Es ist zu klären, welcher Art Zustimmung mit Beweisen erreicht werden soll, und zu zeigen, was man auf diese Weise glauben machen will. Statt zu versuchen, Argumentation nach der Art von Logikkalkülen zu reglementieren, was nur um den Preis letztlich willkürlicher Festsetzungen zu leisten ist, soll versucht werden, den Sinn von Beweisen zu zeigen. Nur so scheint mir erreichbar, was im Grund durch alle Präzisionsversuche erreicht werden soll.

---

20 Bei Linguisten ist dieser Fehler im allgemeinen weniger schwerwiegend, da ihnen, anders als den Gerichten, die Mittel fehlen, ihre Festschreibung durchzusetzen. Am Ende müssen sie doch immer argumentieren, um so zu überzeugen.

21 Dies ist schon seit Aristoteles so gesehen worden. Siehe hierzu Viehweg, 1974, Rodingen, 1975.

22 Pascal, 1963, 85.

# 1 ZUM SINN VON DISPUTEN

## 1.1 Argumentatives Handeln

Wir verwenden Sprache, um verschiedene "Dinge zu tun".[1] Unter diesen Dingen möchte ich zwei Arten unterscheiden: das Reden in der Welt und das Reden über die Welt. Die Unterscheidung ist künstlich, denn beide Arten sprachlichen Handelns greifen in der Praxis übergangslos ineinander. Sie bilden zusammen eine Sprache.[2] Ich unterscheide sie dennoch, weil die Unterscheidung eine Möglichkeit bietet, die Natur des Spiels zu zeigen, das wir mit unserer Sprache spielen.

Das Reden in der Welt ist ein Sprachspiel[3] für das eine Sprache eine ausgemachte Sache ist, insgesamt ein Gemeinplatz. In diesem Sinn ist eine Sprache eine Welt, und man sagt: sich i n einer Sprache verständigen. Wer sich so in einer Sprache verständigen kann, beherrscht ein Spiel, über dessen Regeln er vorab - wie er dazu kommen konnte, braucht für den Augenblick nicht zu interessieren - mit jenen verständigt ist, die an dieser Sprache teilhaben. Es scheint müßig, darauf besonders hinzuweisen, weil uns dies von vielen Spielen vertraut ist: Wer Schach spielen kann, ist selbstverständlich mit anderen Spielern über die Regeln verständigt. Man würde ihn sonst kaum einen Schachspieler nennen. Der Hinweis auf die Tatsache, daß Verständigung vorausgesetzt ist,

---

1 Eine Anspielung auf Austin, 1962, dem als Verdienst zukommt, diesen Aspekt von Sprache gegen einen an Kalkülen orientierten Systembegriff von Sprache neu betont zu haben.

2 Das zu betonen scheint mir wichtig, weil ich vermeiden möchte, den Eindruck zu erwecken, es handle sich bei dem Reden über die Welt um etwas, was in der Art eines Metadiskurses oder eines Habermas'schen Diskurses der Vernünftigen (s. Habermas, 1971) aus dem Rahmen des normalen Redens fällt.

3 Der Terminus "Sprachspiel" geht auf Wittgenstein zurück.

wird aber im folgenden wichtig werden. Um uns eine Vorstellung von einem solchen Sprachspiel zu machen,

> denken wir uns eine Sprache ... Die Sprache soll der Verständigung eines Bauenden A mit dem Gehilfen B dienen. A führt einen Bau auf aus Bausteinen, es sind Würfel, Säulen, Platten und Balken vorhanden. B hat ihm die Bausteine zuzureichen und zwar nach der Reihe, wie A sie braucht. Zu diesem Zweck bedienen sie sich einer Sprache, bestehend aus den Wörtern: "Würfel", "Säule", "Platte", "Balken". A ruft sie aus; - B bringt den Stein, den er gelernt hat, auf diesen Ruf hin zu bringen.[4]

Wittgenstein's Sprachspiel Nr. 2 ist ein Befehlsspiel. Die Sprechakte, die darin vorkommen, sind Akte des Befehlens. Die Durchführung des Spiels setzt Verständigung über eine Welt voraus. Dies zeigt sich an der Beschreibung, die Wittgenstein von dem Spiel gibt: "es sind Würfel, Säulen ... vorhanden." Die Verständigung ist erreicht in der Sprache. Nichts ist vorgesehen - im Sprachspiel Nr. 2 - für den Fall, daß eine Verständigung nicht erreicht wird. Die Spieler bleiben sprachlos.[5] Dies konstatieren jedenfalls wir, weil wir in unserem sehr viel komplexeren Sprachspiel hier in der Lage sind, mehr zu tun: Auf diese Weise nutzen wir das fremde Sprachspiel, um durch die Ähnlichkeit und Unähnlichkeit mit unserer Sprache, Licht in die Verhältnisse unserer Sprache zu bringen.[6]

Anders als die Spieler von Sprachspiel Nr. 2 können wir uns, wo wir offenbar nicht über eine Welt verständigt sind, über eine solche verständigen. Wir können unsere Annahme über das, was als zur Welt gehörig betrachtet werden soll, in Behauptungen explizit machen, und wir können die Richtigkeit solcher Annahmen zum Gegenstand von Disputen machen. Der Zweck solcher Dispute kann allgemein darin gesehen werden, daß versucht werden soll, herauszu-

---

4 Wittgenstein, 1953, I, § 2. Wittgenstein bezog sich darauf als auf sein "Sprachspiel Nr. 2".

5 Was nicht heißen soll, daß sie dies als Mangel empfinden müssen. Es könnte ihnen ganz natürlich sein.

6 Siehe hierzu Wittgenstein, 1953, I, § 130.

finden, was *wirklich* der Fall ist, oder, anders ausgedrückt, daß versucht werden soll, sich einer gemeinsamen Sprache zu versichern.[7] Wichtig ist hier festzuhalten, daß durch Argumentation eine gemeinsame Sprache erst erreicht werden soll. Selbstverständlich ist Argumentation nur möglich, wenn gewisse Gemeinsamkeiten bereits gegeben sind - mit einem Amazonasindianer könnte ich nicht einmal einen Disput anfangen -, aber eben der Bereich, der zur Debatte steht, ist nicht als solche Gemeinsamkeit gesichert. Und weil dies so ist, müssen alle Versuche, Argumentation im Rahmen vorgängiger Verständigung in einer Sprache zu verstehen, notwendig irreführen: Es ist nicht so, daß wir, wo wir argumentieren, für die Bewertung von Argumenten - Beweismitteln - auf eine bereits hergestellte Verständigung in einer Sprache rekurrieren können, wie dies etwa die logische - formale - Semantik anzunehmen scheint, die meint, semantische Relationen festschreiben zu können, um sie für den Streitfall als Entscheidungskriterium bereitzustellen. Zwar gibt es auch den Fall, wo wir uns über Bedeutung informieren, doch sollte dies nicht mit Argumentation verwechselt werden. Eine Sprache lernen, ist nicht dasselbe wie, argumentativ handeln, auch wenn am Ende von Disputen Lernprozesse festgestellt werden können. Der Unterschied besteht in der Haltung der Betroffenen: Wer disputiert, will sich der Wahrheit von Annahmen über die Welt versichern. Auch hat hier jeder vorab eine Meinung! Wer lernt, hat gar keine andere Wahl als das Gesagte für wahr zu halten. Er wird keine Beweise fordern

Wo Dispute nötig werden, ist eine vorgängige Verständigung über eine Sprache zumindest für eine zeitlang den Beteiligten verborgen: Dies ist der weniger problematische Fall des zeitweiligen Aneinander-Vorbei-Redens, der entstehen kann, weil wir unsere Sprache nicht so gut überblicken, daß wir uns immer schon unserer Meinung sicher sind. Daneben gibt es den Fall, daß eine Verständigung faktisch nie erreicht wurde.[8] Hier wird die Expli-

---

7 Diese Formulierung mag an dieser Stelle etwas dunkel erscheinen. Ich hoffe dies später aufzuhellen.

8 Beide Fälle sind kaum streng zu trennen, aber in Extremen doch festzustellen. Ich bin auf die Trennung nicht eingeschworen, sondern verstehe sie meistens eher als Konzession an jene, die glauben, sie machen zu müssen. In der Tat ist die Unterschei-

kation der je meinen Annahmen über die Welt zu einer Demonstration meiner Sprache: Ich führe argumentierend semantische Zusammenhänge meiner Sprache vor in der Absicht, sie anderen schmackhaft zu machen. Argumente sind gleich Ködern. Und nicht jeder spricht auf den selben Köder an. Die Kraft eines Arguments liegt darin, der richtige Köder für den richtigen Mann zu sein. Die Kunst der Argumentation besteht darin, die richtigen Argumente, i.e. Köder, zu wählen.

Ich möchte an dieser Stelle nicht darauf eingehen, was es heißt, daß Argumente gleich Ködern sind, und welche Bedeutung dies für unser Verständnis von Beweisen hat. Wichtig ist zunächst zu sehen, welche Konsequenzen die Tatsache, daß Argumentation Teil unseres Sprachspiels ist, für unser Verständnis von der Natur dieses Spiels haben kann: Nehmen wir an, zwei Menschen, die sich bis zu einem ungewissen Grad verständigt fühlen, geraten in Streit. Das könnte etwa so beginnen: Herr A erzählt Herrn B eine Geschichte:

Herr A: Und als Robespierre sah, daß alles für ihn verloren war, schoß er sich eine Kugel in den Kopf.

Herr B: Aber sie irren, Herr A. Nicht in den Kopf. Er schoß sich in den Kiefer.

Herr A: So? Und der Kiefer, gehört er nicht zum Kopf?

Herr B: Im gewissen Sinn schon, aber wenn man sagt, einer habe sich in den Kopf geschossen, dann heißt das, daß er nachher tot war.

Herr A: Das ist mir neu. Wie kommen Sie dazu, so zu reden? Ich kenne jede Menge Leute, die Kopfschüsse gekriegt haben und heute noch leben.

Herr B: Sie haben Recht. Ich muß mir da irgendwas vorgemacht haben.

Herr A: Vielleicht haben Sie immer nur in Verbindung mit Mord und Totschlag von Kopfschüssen reden gehört und deshalb angenommen, daß ein Kopfschuß immer zum Tod führt.

---

dung noch problematischer, als es scheinen mag, weil auch der Fall denkbar ist, daß eine gegebene Verständigung im Disput neu problematisiert wird.

Herr B: So wird's wohl sein.
Herr A: Also, Robespierre schoß sich in den Kopf und ...

Herr A und Herr B haben die ganze Zeit über geredet. Argumentiert haben sie beginnend mit dem ersten Beitrag von Herrn B bis zum letzten Beitrag von Herrn B. Herr A geht, was seine Sprache betrifft, unverändert aus dem kleinen Disput hervor, aber für Herrn B, zumindest gibt er dies zu verstehen, hat sich etwas an seiner Sprache geändert, und zwar dahingehend, daß beide, Herr A und Herr B, sich in dem zur Debatte stehenden Punkt auf einen Sprachgebrauch geeinigt haben. Erreicht hat Herr A diesen Zustand durch ein Argument, das Herrn B in seiner Sprachkompetenz traf: Es traf einen Zusammenhang, den er bislang nicht bedacht hat, was verständlich macht, warum er einerseits so anders reden konnte, andererseits so leicht bereit war, sich umzustellen. Jetzt, auf den Zusammenhang verwiesen, konnte er nicht länger so spielen. Durch die Argumentation, die selbst Teil des Sprachspiels ist, wurden die Regeln seines Sprachspiels verändert.

Was wir hier exemplarisch feststellen konnten, läßt sich verallgemeinern: Die Tatsache, daß Argumentation Teil unseres Sprachspiels ist, macht es zu einem ganz besonderen Spiel, in dem die Regeln des Spiels selbst zum Gegenstand werden können. Das bedeutet, daß die Sprache, über die wir verfügen, niemals insgesamt eine ausgemachte Sache ist, daß sie vielmehr in der Argumentation, in der wir uns auf eine gemeinsame Sprache auch mal erst verständigen können, ein Mittel besitzt, sich aus sich heraus umzugestalten. Unsere Sprache, d.h. die Sprache, die wir zu einem gegebenen Zeitpunkt sprechen, ist so gesehen, Ausdruck der Verständigung, die in einer Gemeinschaft erreicht worden ist. Durch die Möglichkeit zur Argumentation geht die Sprache aber immer schon über sich, i.e. über den gegebenen Zustand der Verständigung hinaus, ein Umstand der - der Gedanke mag überraschen - von politischer Bedeutung ist: Weil wir über solche Sprachen verfügen, sind wir in der Lage, uns mit anderen, die nicht schon aufgrund gleicher bzw. verwandter Sozialisation mit uns verständigt sind, in einer Weise auseinanderzusetzen, die allen Beteiligten gerecht werden kann. Erst Argumentation ermöglicht uns, Konflikte, die in komplexen Gemeinwesen, wie sie etwa moderne Staaten bilden, zwangsläufig entstehen müssen, so auszutragen, daß jegliche Verletzung der jeweils anderen vermieden werden kann. Argumentation zielt darauf ab, Konflikte durch Erreichung einer gemeinsamen Sprache, und das heißt auch eines gemeinsamen Systems von Ansichten über die Welt, zu lösen. Die Mittel, die dabei zum Einsatz kommen, sind so beschaffen, daß ein Erfolg nur dann erzielt worden ist, wenn alle Beteiligten bereit sind, die entsprechenden Aussagen, und mit diesen die ihnen zugrundeliegenden Gebrauchsregeln für sprachliche Ausdrücke, anzuerkennen.

Wittgenstein hat eine Sprache eine Lebensform genannt,[9] was wohl so zu verstehen ist, daß die Sprache einer Gemeinschaft die Form ist, in der ihre Mitglieder zueinander in Beziehung treten.[10] Wenn Argumentation zu einer Sprache gehört, heißt das, daß die Lebensform, soweit sie in dieser Sprache ihren Ausdruck findet, im Prinzip anarchischen Charakters ist: Das anarchische Prinzip 'ni dieu, ni maître' ist konstitutiv für das Gelingen von Argumentation.[11] Da in einer Sprache, die Argumentation ermöglicht, jede Regel jederzeit zur Diskussion gestellt werden kann, und so nur gilt, was anerkannt wird, wirkt sich dieses Prinzip auf die Gesamtheit der Lebensform aus. Der anarchische Charakter von Argumentation bleibt oft verborgen, weil die Regeln für argumentatives Handeln nicht mit der gebotenen Gründlichkeit untersucht werden. Das mag daher kommen, daß man zu sehr auf die Praxis argumentativen Handelns in unserer Gesellschaft fixiert ist. Argumentation, soweit man davon überhaupt noch reden kann, findet dort unter Bedingungen statt, die sie kaum als das Handeln erkennen lassen, was hier beschrieben werden sollte. Es ist schwierig, die konstitutiven Regeln für argumentatives Handeln

---

9 Wittgenstein, 1953, I § 19.

10 Gemeint ist nicht nur, daß sie sprechend zueinander in Beziehung treten, sondern darüber hinaus, daß sie in der je ihren Sprache über die Gesamtheit der für sie bestehenden Sachverhalte verständigt sind.

11 Was damit gemeint ist, zeigt sich etwa in der Formulierung eines Beweisspiels, wie sie am Ende dieser Untersuchung gegeben wird. Die Regeln dieses Spiels sind, durchaus in Nachahmung der Regeln für argumentativen Handelns in unserer täglichen Praxis, so angelegt, daß kein Spieler jemals gezwungen ist, irgendetwas anzuerkennen, was ihn nicht zufriedenstellt.

von jenen Regeln zu trennen, die faktisch von Sprachteilhabern in Situationen befolgt werden, die Anlaß zu Argumentationen bieten. Eine klare Trennung ist aber unerläßlich, weil der Sinn argumentativen Handelns, und letztlich auch der Sinn der pervertierten Praxis, nur zu sehen ist, wenn Argumentation unverfälscht betrachtet werden kann.

An dieser Stelle zeigt sich ein für die Sprachwissenschaft allgemein interessantes Problem: Wie kommt man dazu, die Praxis argumentativen Handelns als pervertiert zu verstehen? Beziehe ich meinen Begriff der Argumentation nicht aus eben dieser Praxis, so daß Argumentation für mich nur eben das sein kann, was als solche in der Praxis ausgegeben wird? Betrachten wir einen Fall, wie er alle Tage zu beobachten ist:[12] Ein Angestellter unterhält sich mit seinem Chef. Das Gespräch kommt auf die politischen Verhältnisse in Spanien.

| | |
|---|---|
| Angestellter: | Was halten Sie von den jüngsten Todesurteilen in Spanien? |
| Chef: | Dem Staat blieb gar keine andere Wahl. Franco mußte durchgreifen. |
| Angestellter: | Meinen Sie nicht, daß ein Gnadenakt die ganze Situation entspannt hätte? |
| Chef: | Man kann dem linken Gesindel nicht länger nachgeben. Wenn sie bei uns auch so durchgreifen würden, gäb's keine Baader-Meinhofs mehr, meinen Sie nicht auch? |

Was immer der Angestellte meint, er tut gut daran, sich seine Antwort zu überlegen. Es spricht einiges dafür, daß er seinem Chef zumindest nicht widerspricht. Man könnte - ad hoc - für diese und ähnliche Fälle eine Regel formulieren:

(1) Wenn eine Person, die in der Lage ist, dir zu schaden, durch Widerspruch deinerseits dazu veranlaßt werden könnte, dir größeren Schaden zuzufügen, als dir aus der Unterlassung des Widerspruchs entstehen kann, dann widersprich nicht.

---

12 Die Positionen sind in diesem Beispiel absichtlich etwas schwarz-weiß dargestellt, um einige Faktoren, auf die es mir ankommt, offen zu Tage treten zu lassen.

Vermutlich handeln viele nach dieser oder einer ähnlichen Maxime. Kann sie deshalb als eine der Regeln für argumentatives Handeln betrachtet werden? Im gewissen Sinn. Es ist eine Regel für argumentatives Handeln unter bestimmten sozialen Bedingungen. Irgendwelche sozialen Bedingungen bestehen für nahezu alle Handlungen, immer bestehen welche für Argumentation. Kann man dennoch sinnvoll von ihnen abstrahieren? Man muß es, wenn man den ursprünglichen Sinn solchen Handelns erkennen will, von dem auch der Sinn des spezifisch bedingten Handelns abgeleitet ist, weil dieser Sinn in einem Sprachspiel grundsätzlich für beliebige Spieler, d.h. ohne Ansehen der Person, und auch ohne Ansehen besonderer Bedingungen, definiert ist. Und man kann es: Die Regeln, die für argumentatives Handeln unter besonderen Bedingungen gelten, verweisen selbst auf allgemeine Regeln. Sie sind - auf die genaue Formulierung kommt es nicht an[13] - ausnahmslos hypothetischen Charakters:[14] Sie artikulieren - wir artikulieren, indem wir sie zu formulieren suchen - die besondere Bedingung und den davon betroffenen Teil der allgemeineren Regel im Antecedens, in der Conclusio die spezielle Regel. Noch in der Restriktion zeigt sich die allgemeinere Regel. Sie muß erst durch eine Regel hypothetischen Charakters außer Kraft gesetzt werden. Im Fall unseres Beispiels ist das die Regel:

(2) Wenn jemand etwas behauptet hat, kann man dem widersprechen.

Die Möglichkeit zu widersprechen, ist uns bekannt, wenn wir argumentieren können. Wer sich einen Widerspruch nicht einmal denken könnte, hätte auch nicht die Möglichkeit zu argumentieren. Für die Möglichkeit eines Widerspruchs besteht nur die Bedingung, daß vorgängig etwas behauptet wurde. Die in (1) formulierte Bedingung betrifft nicht die Möglichkeit des Widerspruchs. Sie verweist lediglich den, der erwägt zu widersprechen, auf die Folgen, die solches Handeln für ihn haben kann. Man könnte eine analoge

---

13 D i e Formulierung der Regel gibt es strenggenommen überhaupt nicht. Es gibt nicht einmal d i e Regel, und dies nicht nur, weil auch hier gilt, daß alle Regeln veränderbar sind, sondern, weil wir nicht einmal zu einem festen Zeitpunkt in der Lage sind, d i e Regeln zu bestimmen, nach denen wir handeln.

14 Im Sinn der Kant'schen hypothetischen Imperative.

Maxime für das Schachspielen formulieren:

(3) Wenn eine Person, die in der Lage ist, dir zu schaden, durch einen Zug deinerseits dazu veranlaßt werden könnte, dir größeren Schaden zuzufügen, als dir aus der Unterlassung dieses Zugs entstehen kann, dann unterlasse ihn.

Niemand wird (3) für eine Regel des Schachspiels halten, und das, obwohl auch für das Schachspiel gilt, daß es unter bestimmten sozialen Bedingungen, d.h. mit konkreten Personen im Rahmen eines vorab bestehenden sozialen Gefüges, zu spielen ist. Freilich ist die Kenntnis der "eigentlichen" Schachregeln dadurch zu erklären, daß hier verbindliche Formulierungen bestehen, was bei Argumentationen nicht der Fall ist. Bei Argumentationen scheinen wir in der Erlernung darauf angewiesen, daß als Argumentation zu verstehen, was als solche ausgegeben wird, und das ist oft genug von Bedingungen der Art von (1) bestimmt. Wenn wir in der Lage sind, solche Bedingungen in der Art von (1) zu formulieren, sind wir bereits soweit, die Regeln für argumentatives Handeln im strengen Sinn zu erkennen. Da wir dahin offensichtlich gelangen können, müssen wir davon ausgehen, daß uns in der Erlernung dessen, was argumentatives Handeln ist, solche Handlungen als Paradigma dienen, in denen Argumentation sich frei, d.h. ohne jene besonderen Bedingungen berücksichtigen zu müssen, entfalten kann.[15] Argumentation ist anarchisch in dem Sinn, daß sich die an ihr Beteiligten keiner Autorität zu unterwerfen haben außer sich selbst. Wo sie sich gezwungen sehen, doch auf andere Autoritäten Rücksicht zu nehmen, geht das auf Kosten der Qualität der Verständigung, die erreicht wird. Conditio sine qua non für erfolgreiche Argumentation ist, daß die Beteiligten sich grundsätzlich als gleich und frei - frei in dem, was sie reden dürfen - anerkennen. Die Forderung nach freier Argumentation ist zugleich Forderung nach Frei-

15 An dieser Stelle ein didaktischer Hinweis für Argumentationsschulung: Es ist Sorge zu tragen, daß die Lernenden die Möglichkeit haben, tatsächlich zu widersprechen, wenn sie lernen sollen zu argumentieren. Wenn der Widerspruch nicht ernst genommen wird, erlernen sie allenfalls eine facon de parler, die formale Ähnlichkeit mit dem Widersprechen aufweist, aber nicht, was es heißt zu widersprechen.

heit und Gleichheit.[16] Mithin hat auch Argumentation ihren Preis: Nur, wer sich darauf einläßt, an der Sprache in gleicher Weise teilzuhaben, wie jeder sonst, der diese Sprache spricht, kann hoffen, sich mit anderen argumentierend zu verständigen. Der Preis scheint nicht ungebührlich hoch. Schließlich soll keiner benachteiligt werden. Aber in einer Welt, in der privater Vorteil über alles gestellt wird, ist es keineswegs selbstverständlich, daß jemand bereit ist, diesen Preis zu zahlen. In der Tat wäre es überraschend, wenn dem so wäre: Die Gleichheit aller, die uns heute - zumindest wird kaum jemand anderes öffentlich behaupten - selbstverständlich sein soll, ist im Grund genauso willkürlich angenommen worden, wie die Überlegung, daß Menschen essentiell verschieden sind. Gleichheit ist nichts, was festzustellen wäre, sie ist eine Forderung, der wir soweit nachkommen, wie es uns sinnvoll erscheint. Da wir als Menschen in vielerlei Hinsicht aufeinander angewiesen sind, ergeben sich immer wieder Gelegenheiten, dieser Forderung nachzukommen, uns auf Argumentation einzulassen, und sei es nur zum Schein.

Argumentation, und damit letztlich Anarchie, über die Gelegenheiten hinaus, zu denen sie sich immer schon anzubieten scheint, allgemein als Form menschlicher Interaktion zu fordern, wäre weltfremd und scheinheilig. Ein Versuch, diese Forderung ernst zu nehmen, müßte, zumindest unter den heute gegebenen Bedingungen, zu einem Chaos schlimmsten Ausmaßes führen. Die Bedeutung von Argumentation für unser gesellschaftliches Leben steht und fällt nicht damit, daß jedermann jederzeit und überall bereit ist, sich auf Argumente einzulassen. Argumentation ist in vielen Fällen verzichtbar, insbesondere immer dann, wenn die Argumente - die Köder - die einem zur Verfügung stehen, einfach nicht überzeugen wollen: Wir können auch leben, ohne mit jedermann in jeder Frage verständigt zu sein. Die Bedeutung von Argumentation besteht vielmehr darin, daß sie stets die anarchische Alternative zu anderen

16 Umgekehrt könnte man sagen: Freiheit und Gleichheit eines Individuums im Rahmen eines Gemeinwesens zeigen sich wesentlich darin, daß es frei ist in der Rede. Jedenfalls ist dies seit den Tagen der großen Revolution in allen freiheitlichen Verfassungen so gesehen worden.

Verfahren ist, menschliche Beziehungen zu regeln und Konflikte auszutragen. Inwieweit sie als Alternative auch die bessere Alternative ist, läßt sich nicht sagen. Es gibt keine Argumente für Argumentation. Die Argumentation muß für sich selber sprechen und ihren Wert zeigen.[17] Die Überlegung mag etwas verwegen erscheinen, aber sie erweist sich bei genauerer Betrachtung als korrekt: Wenn wir für Argumentation Argumente vorbringen wollten, dann wären sie ohne Bedeutung, weil sie, um als Argumente zu gelten, Argumentation immer schon als sinnvoll voraussetzen müßten, während sie ihren Sinn erst zeigen sollten. Im übrigen ist unklar, was ein solches Argument sein könnte. Etwa, daß Argumentation besonders human ist? Wenn sie es ist, mag es für sie sprechen, aber ob sie es ist, läßt sich nicht sagen. Es muß sich erweisen, und das geht sicher nicht dadurch, daß man feststellt es sei so, sondern dadurch, daß man ein entsprechendes Verhalten an den Tag legt.

## 1.2 Das Unbehagen an Disputen

Argumentatives Handeln steht in bestimmten Funktionen in Konkurrenz zu anderen Handlungsmustern. Daraus ergibt sich - die Relevanz der durchzuführenden Handlung vorausgesetzt - das Problem, ob argumentatives Handeln ein effizientes Verfahren darstellt, diese Handlungen auszuführen. Es gibt viele Möglichkeiten, jemand von etwas zu überzeugen, und es ist bekannt, daß die "Überzeugungskraft" einer größeren Summe Geld nicht selten der des schönsten Arguments überlegen ist. Ähnliches gilt von der Androhung von Gewalt. Wenn Argumentation trotz dieser Konkurrenz ein praktisch relevantes - und damit lehrenswertes - Verfahren zur Überzeugung darstellen soll, muß sie Eigenschaften haben, durch die sie diesen zum Teil wesentlich einfacheren Methoden doch überlegen ist.

Argumentation scheint ein Streit um Worte. Manchem scheint sie Streit nur um Worte, weil er erkennen mußte, daß viele Argumentationen nicht die Konsequenzen haben, die sie ihrem Anspruch nach haben sollten. Scharfsinnige Analysen stellen sich als Spitzfin-

---

17 Siehe hierzu auch Strecker, 1975.

digkeit und Haarspalterei dar, wenn nicht vermittelt wird, worin die Bedeutung dieser Arbeiten besteht. Man sagt von Argumentationen, sie seien zwingend, doch sie zwingen nicht.[18] Was zwingt, oder besser, wer zwingt, sind allein Menschen, und ihrem Zwang kann man sich oft genug durch kein Argument entziehen. Es hilft nicht zu lamentieren, daß es schöner wäre, Konflikte statt mit Waffen mit Worten auszutragen. Wenn gefordert wird, daß Argumentation praktisch relevant sein muß, dann heißt dies, daß sie in unserer Welt relevant sein muß. Und um argumentatives Handeln in unserer Welt als praktisch relevant auszuweisen, müssen wir zeigen, daß es in dieser Welt - nicht erst unter den Bedingungen einer utopischen herrschaftsfreien Gesellschaft, wie Habermas ausgeführt hat[19] - Funktionen zu erfüllen hat, die nur durch solches Handeln übernommen werden können.

Das Unbehagen an Argumentation, das vielerorts zu konstatieren ist,[20] dürfte darauf zurückzuführen sein, daß einmal die Bedeutung argumentativen Handelns überschätzt wird, zum anderen darauf, daß Argumentation pervertiert werden kann zu undurchschaubarer, unüberprüfbarer Legitimation bereits anders getroffener Entscheidungen. Ein Mensch, der erfahren mußte, daß man ihm mit vielen Worten darlegte, daß etwas rechtens sei, was es seinem Empfinden nach nicht ist, was insbesondere seiner Meinung nach auch nur nachträglich als rechtens ausgewiesen werden soll, während es nach ganz anderen Kriterien entschieden wurde, wird mißtrauisch

---

18 In der Tat kann bei erfolgreichen Argumentationen eine Art Zwang beobachtet werden. Sie überzeugen und lassen dem Überzeugten keine andere Wahl als zuzustimmen. Nur ist dies eine Feststellung post festum: Wenn die Argumentation überzeugen konnte, ist sie in gewissem Sinn zwingend. Das bedeutet nicht, daß wir in der Argumentation über ein Mittel verfügen, andere nach Belieben zu bestimmtem Denken zu zwingen. Unsere Argumente sind nicht zwingend an sich, auch wenn sie oft so kommentiert werden: *Du musst jetzt zugeben*, *Und daraus folgt notwendig*, *Du kannst nicht leugnen*. Siehe hierzu Wittgenstein, 1967, Teil I; auch Strecker, 1974.

19 Siehe dazu Habermas, 1971, insbesondere 117ff.

20 Als Beispiel sei die Erfahrung eines Freundes erwähnt: Nachdem er sich intensiv bemüht hatte, einem Arbeiter etwas argumentativ klar zu machen, meinte dieser: "Mit Argumenten können Sie mich nicht überzeugen." Ihm war das ganze "Gerede" insgesamt verdächtig.

gegen jedes argumentative Handeln.[21]

Vor allem die Funktion von Argumentation als Legitimation von Gewalt hat zu einer Ablehnung von Argumentationsschulung geführt. Wer Herrschaft ausgesetzt ist, die sich als manifeste Gewalt präsentiert, wird sie als Anmaßung erfahren, der entsprechend zu begegnen ist. Er hat keinen Grund, sie länger zu ertragen, als er durch ein Übermaß an Macht gezwungen ist. Kaum ein Herrschaftssystem ist in der Lage, seine Macht über längere Zeit auf der Basis nackter Gewalt zu erhalten. Es muß zur Sicherung dieser Macht die ausgeübte Herrschaft legitimieren. Es muß argumentieren, weil Legitimation nicht anders zu geben ist. Man könnte auch sagen: Es muß sich bis zu einem gewissen Grad, eben so weit, wie die Argumentation reicht,auf anarchische Bedingungen einlassen. Das zeigt eine Untersuchung der Grammatik von *Recht*.[22] Durch "zwingende" Argumentation wird sachliche Notwendigkeit, was erst Interesse von Herrschenden war.[23] Damit ist soviel gesagt, daß Argumentation Legitimationsfunktion hat, d.h. daß sie erfüllt, nicht nur erfüllen kann. Sie wird faktisch in dieser Funktion verwendet. Und kaum ein politisches System macht hier eine Ausnahme, weil keines ganz zufriedenstellen kann. Daraus ist Mißtrauen gegenüber argumentativem Handeln verständlich. Aber der Mißbrauch läßt auf

---

21 Interessant ist in diesem Zusammenhang eine Betrachtung der Geschichte der Rhetorik in Griechenland: "Die Rhetorik wurzelt in der politischen Situation der griechischen Polis. Nach der Vertreibung der Tyrannen in den Griechenstädten Siziliens und im Mutterland entstand die griechische Polisdemokratie, die der Rede ein weites Betätigungsfeld bot. Jeder freie Bürger konnte sich in der Volksversammlung politisch äußern, er mußte Rechenschaft ablegen über seine Amtsführung und hatte, da es keine Berufsanwälte gab, seine Sache vor Gericht selbst zu vertreten ... Die Redekunst war von ihren Anfängen an mit den politisch-gesellschaftlichen Zuständen verknüpft. Zur Zeit der Polisdemokratie befand sie sich auf ihrem Höhepunkt; als die griechischen Stadtstaaten ihre Selbständigkeit verloren und im Reich Philipps von Mazedonien aufgingen, war die Macht der freien Rede gebrochen. Der größte Redner Griechenlands, Demosthenes, der in seinen *Philippischen Reden* ganz Hellas zum Freiheitskampf gegen Mazedonien aufgerufen hatte, büßte seinen Einsatz mit dem Tod ... Die Rhetorik hatte ihre öffentliche Wirksamkeit eingebüßt ..." Marion Giebel, 1974, 10ff.

22 Siehe hierzu Strecker, 1975.

23 Siehe hierzu Habermas, 1968, 48-103.

den rechten Gebrauch schließen: Nur weil angenommen wird, daß Argumentation zwingend sein kann, ist es möglich, sie so zu gebrauchen, d.h. nur auf der Grundlage einer Anerkennung dessen, daß Argumentation gültig legitimieren kann, ist das Mißtrauen gegen argumentatives Handeln sinnvoll. Anerkennen, daß Unbehagen an Argumentation verständlich ist, heißt aber nicht, Argumentation rundweg abzulehnen. Das wäre ein verhängnisvoller Fehler. Es wäre, als wollte man Rasiermesser abschaffen, weil manche sie dazu verwendet haben, anderen den Hals damit abzuschneiden. Das Unbehagen ist verständlich auf der Grundlage einer pervertierten Praxis, in der Argumentation nur scheinbar zu ihrem Recht kommt.[24]

Sinnvoller scheint mir, daß man versucht, dem Mißbrauch von Argumentation aktiv zu begegnen, indem man darauf hinarbeitet, die Bedingungen zu verändern, unter denen ein solcher möglich ist. Eine Veränderung dieser Bedingungen kann erreicht werden dadurch, daß man jedermann in die Lage versetzt, richtig zu argumentieren, Argumente anderer auf ihre Gültigkeit hin zu überprüfen, um sich nicht mit billigen Ködern fangen zu lassen. Damit ist keine Veränderung bestehender Herrschaftsverhältnisse erreicht. Es ist lediglich eine Voraussetzung dafür geschaffen, daß Gewalt als solche erkannt wird, mithin, daß Gewalt als Gewalt auftreten muß. Dies festzuhalten erscheint mir wichtig, weil gerade sogenannte Progressive oft eine Fehleinschätzung von Argumentation zeigen, die zu weiterer Frustration im Gebrauch von Argumentation führen

24 Besondere Schuld trifft hier die institutionalisierte Rechtsprechung, in der zwar nominell Argumentation besser zum Zug kommt als im Alltag, wo Gewalt und Verführung oft an ihre Stelle treten, aber letztlich der Sinn von Argumentationen nicht erkannt wird: Man will immer den Prozeß zu einem Ende bringen. Man sieht den Sinn der Argumentation darin, zu diesem Ende hinzuführen, und verkennt, daß es nicht so sehr darauf ankommt, daß man zu dem gewünschten Ende kommt, sondern darauf, *wie* der Prozeß geführt wird. Darin, nicht im Erfolg bei Beweisführung und Begründung, zeigt sich die Bedeutung der Argumentation. Solang dies nicht erkannt wird, wird eine befriedigende Theorie der juristischen Argumentation weiterhin ein Desiderat bleiben. Siehe hierzu Struck, 1975. Vor allem aber wird dadurch, daß die Praxis der Rechtsprechung Argumentation nicht wirklich ernstnimmt, der Gesellschaft ein Paradigma für Argumentation gegeben, das Unbehagen zur Folge haben muß. Siehe hierzu Strecker, 1975.

kann: Man unterstellt, daß durch Argumentieren eine Veränderung von Herrschaftsverhältnissen zwingend gemacht werden kann, sieht ein, daß das nicht möglich ist, und denunziert dann jene als Betrüger, die eine Optimierung der Argumentationsfähigkeit für jedermann anstreben, weil sie vorgeben würden, Dinge tun zu können, die doch erwiesenermaßen nicht erreicht werden können. Der Denkfehler, der dabei gemacht wird,[25] ist nebenbei bemerkt ein Zeichen dafür, daß Argumentationsschulung nicht nur für schlichte Gemüter not tut.

## 1.3 Für argumentatives Handeln

Mit der Zurückweisung von Kritik an Argumentation als verständlich, aber fehlgeleitet, ist noch kein Sinn für argumentatives Handeln gezeigt worden. Gezeigt wurde allein, daß Argumentation nicht notwendig schädlich ist. Nicht alles, was nicht schädlich ist, ist empfehlenswert. Ein Mißbrauch argumentativen Handelns könnte dadurch verhindert werden, daß man es abschafft. Die Frage ist im Grund, welche Folgen eine Abschaffung von Argumentation als Verständigungsmittel über eine Sprache, und damit eine Welt, haben müßte. In welcher Weise würde unsere Lebensform verändert, wenn argumentatives Handeln abgeschafft würde? Zum Teil wurde diese Frage schon in 1.2 beantwortet. Es wäre etwa nicht mehr möglich, Herrschaft zu legitimieren. Damit wäre zugleich jede Möglichkeit der Rechtfertigung genommen. Rechtfertigung ist allein argumentativ möglich. Man kann sich nicht rechtfertigen, indem man jemand Geld gibt oder indem man ihn bedroht. Man kann manchmal dadurch erreichen, daß er keine Rechtfertigung mehr fordert, und insofern kann solches Handeln die Funktion von Rechtfertigungen übernehmen. Es wird dadurch nicht zur Rechtfertigung. Wenn mit Argumentation aber die Möglichkeit von Rechtfertigung abgeschafft würde, hätte dies zur Folge, daß wir auf Anschuldigungen nur noch mit Gewalt, bzw. mit negativer Gewalt, i.e. Bestechung, einem Weichen vor Gewalt, reagieren könnten. Die Unmög-

---

25 Dieser Fehler wird häufiger gemacht, als man geneigt ist anzunehmen. Ich habe in zahllosen Diskussionen über Argumentation mit Studenten in Heidelberg und Tübingen die Erfahrung gemacht, daß auf diese Weise argumentiert wird.

lichkeit jeder Rechtfertigung müßte zu einer Liquidierung von Rechtsnormen führen, und zwar nicht nur der Normen, die gerade die unsrigen sind, sondern jeder Rechtsnorm.[26]

Die Bedeutung argumentativen Handelns zeigt sich am besten, wenn wir die Zusammenhänge zwischen bestimmten Begriffen untersuchen, die in unserer Lebensform von zentraler Bedeutung sind. Diese Zusammenhänge werden offengelegt, wenn wir den Gebrauch oder die Verwendungsweise, und damit eben die Bedeutung, der entsprechenden Terme beschreiben. Am Beispiel der Rechtfertigung kann dies gezeigt werden. Rechtfertigung und Recht lassen sich nur unter Rekurs auf argumentatives Handeln erklären. Dasselbe gilt für Wahrheit, Wissen, Beweisen und Glaubwürdigkeit: Beweise sind ohne argumentatives Handeln nicht möglich. Wir reden nur von Beweisen, wenn argumentativ vorgegangen wurde, unbeschadet der Wahl dieser oder jener Argumente. Ohne die Möglichkeit zu Beweisen gibt es keine Wahrheit, weil dann entweder alles wahr ist, was behauptet wird, oder alles unentscheidbar bleiben muß. Wenn es keine Wahrheit gibt, ist unsere Welt nach der Art von Wittgensteins Sprachspiel Nr. 2 erstarrt. Ebensowenig kann es Glaubwürdigkeit geben, weil diese erst durch positive Erfahrung bei der Verifikation von als wahr Behauptetem aufgebaut wird, eine Verifikation aber nach solcher Voraussetzung nicht möglich ist.

Diese kurzen Ausführungen müssen hier genügen, um die zentrale Bedeutung argumentativen Handelns für unser Leben zu zeigen. Argumentatives Handeln steht im Dienst der Suche nach dem "Richtigen" und "Wahren". Die praktische Bedeutung argumentativen Handelns, i.e. die Bedeutung solchen Handelns "im Strome des Leben,"[27]

---

26 Siehe hierzu Strecker, 1975. In diesem Zusammenhang ist etwas zu bemerken, was viele überraschen wird: Es ist üblich geworden, Anarchie im Widerspruch zu Recht zu sehen. Dies ist soweit zutreffend, wie geltendes Recht letztlich auf Gewalt gestützt wird und nicht auf die Bereitschaft zur Legitimation. Wenn Recht hingegen, wie dies seinem Anspruch entspricht, dadurch ausgezeichnet ist, daß es argumentativ als Recht auszuweisen ist, sind Anarchie und Recht nicht länger Gegensätze. Im Gegenteil; in dem Maß, in dem eine Gesellschaft sich rechtlich organisiert, hat sie sich auf anarchische Prinzipien eingelassen: Im Recht, im Rechtsstaat begegnen sich die Mitglieder einer Gesellschaft als Gleiche.

ist von Fall zu Fall daran zu messen, wie wichtig es für die an einem Disput Beteiligten ist, das "Rechte" zu kennen. Wir können dem Wissen um die Wahrheit von Aussagen keinen absoluten Wert bei messen: Es gibt Situationen, in denen es lebenswichtig ist, Bestimmtes zu wissen, solche, in denen bestimmtes Wissen reinen Sammlerwert hat, und solche, in denen wir sagen möchten, es wäre besser, wenn einer etwas nicht wüßte. Aber dies ist Spekulation. Es läßt sich nie letztlich entscheiden, ob ein solcher Fall vorlag. Ein Beispiel: Ein Mensch hat eine Krankheit, an der er nach unserer Einschätzung in absehbarer Zeit sterben wird, ohne jedoch lang daran zu leiden. Wenn wir ihn um seinen Zustand wissen lassen, kann es sein, daß er sich den Rest seines Lebens grämt. Ohne dieses Wissen könnte er vielleicht noch schöne Jahre haben. Allgemein kann man sagen, daß Wissen sinnvoll ist als Grundlage einer Optimierung von Handlungen. Ist eine solche, wie in unserem Beispiel, ausgeschlossen, kann Wissen unglücklich machen: Es ist eine Eigenschaft von Wissen, daß man es nicht nach Belieben loswerden kann.

Wir sind mit den daraus resultierenden Problemen nicht befaßt. Wir haben kein solches Wissen zu vermitteln bzw. vorzuenthalten. Wir sind allein an einer Optimierung von Strategien argumentativen Handelns interessiert, und daran, was es heißt zu beweisen, ob eine Proposition wahr bzw. falsch ist. Ob sie auch bewiesen werden soll, ist eine andere Frage, über die von Fall zu Fall entschieden werden muß. Unser Problem ist zu zeigen, w i e es möglich ist, daß argumentatives Handeln bestimmte Funktionen erfüllen kann, und welcher Status ihm in der Erfüllung dieser Funktion zukommt. Um diese Fragen beantworten zu können, müssen wir uns im folgenden damit auseinandersetzen, was es heißt, daß etwas wahr ist.

27 Der Ausdruck "im Strome des Lebens" geht auf Wittgenstein zurück. Siehe Malcolm, 1958, 93.

# 2 WAHRHEIT UND SPRACHSPIEL

## 2.1 Zur Grammatik von *wahr* I (Fragen der Methode)

Wenn wir den Sinn, den Beweisen im Zusammenhang des gesellschaftlichen Lebens hat bzw. haben kann, bestimmen wollen, stellen wir fest, daß wir klären müssen, was es damit auf sich hat, daß etwas wahr bzw. falsch ist. Der Wahrheitsbegriff ist der Schlüssel zum Verständnis von Beweisen. Aber er ist selbst alles andere als geklärt, obwohl das seit Jahrtausenden versucht wird. Wir kennen heute eine Unzahl von Theorien der Wahrheit, und jede dieser Theorien kann verstanden werden als ein Versuch, eine Explikation des Begriffs *wahr* zu geben.[1] An der Verwirrung, die über diesen Klärungsversuchen entstanden ist, wird auch diese Untersuchung wenig ändern. Hier kann lediglich versucht werden, exemplarisch einige Wahrheitstheorien zu betrachten, Fehleinschätzungen zurückzuweisen und Hinweise dafür zu geben, was mindestens beachtet werden muß.

Bevor wir in medias res gehen, sind grundsätzliche Fragen, die das Verfahren der Begriffsklärung insgesamt betreffen, zu betrachten: Der Verdacht scheint mir nicht unbegründet, daß wir, wenn wir glauben, den Begriff der Wahrheit klären zu müssen, Opfer einer Verwirrung geworden sind, die weniger von dem Begriff selbst als von den Versuchen, ihn zu klären, hervorgerufen wurde. Wenn dieser Verdacht erhärtet werden kann, wäre es wohl besser, die Klärungsversuche insgesamt zu vergessen, als ihnen neue hinzuzufügen. Leider läßt sich Reflexion so einfach nicht rückgängig machen: Selbst wenn sich eine unreflektierte Praxis im Gebrauch von *wahr* - und der weiteren einschlägigen Begriffe - als zufriedenstellend erweisen sollte, so war diese Einsicht ihrerseits nur

---

1 Siehe hierzu Schnelle, 1973, 181.

durch Reflexion auf die Regeln möglich, die dieser Praxis zugrundeliegen. Das sprachanalytische Programm: don't look for the meaning, look at the use, wendet sich gegen Philosophie und muß doch selbst philosophisch sein. Der - hypothetisch als befriedigend angenommene - status ante quem läßt sich nie mehr erreichen.[2] Aber, wenn wir auch, einmal in Verwirrung geraten, auf Reflexion nicht verzichten können, sollten wir in unserer Überlegung nicht von dem Faktum der Begriffsverwirrung ausgehen, sondern versuchen herauszufinden, wie es dazu kommen konnte, daß überhaupt versucht wurde, den Wahrheitsbegriff zu klären. Soviel steht fest, daß wir uns bei weitem nicht bei allen Ausdrücken unserer Sprache genötigt fühlen zu klären, was damit gemeint wird bzw. werden kann. Mir ist nicht bekannt, daß jemals versucht wurde, den Begriff des Telephonierens zu klären - was nicht heißt, daß es solche Versuche nicht gegeben hat. Wenn etwas geklärt werden soll, wird es gut sein, sich über die Bedingungen, die zu diesem Vorhaben geführt haben, und die Interessen, denen es dient, Rechenschaft zu geben.

Warum sollen Begriffe geklärt werden? Betrachten wir sogenannte einfache Fälle: Es ist der Begriff des Fensters zu klären - für Philosophen ein abwegiges Problem. Ich weiß nicht, ob solche Klärung heute noch von Interesse sein könnte, aber vor etwas mehr als 200 Jahren in Frankreich war sie es, weil Fenster zur Straßenseite besonders zu versteuern waren. Da gibt es dann klare - paradigmatische - Fälle, bei denen kein Streit aufkommt und die zu keiner Klärung des Begriffs Anlaß geben. Dann gibt es Grenzfälle, ein Schlitz in der Mauer etwa. Manche würden hier von einem Fenster reden, andere nicht. Der kleine Unterschied in ihren Verwendungen von *Fenster* hat Aussicht, nie erkannt zu werden, oder, wenn er erkannt wird, hingenommen zu werden. Bis jemand auf die Idee kommt, Fenster zu besteuern. Jetzt wird eine möglichst weitgehende Bestimmung des Begriffs *Fenster* gefordert. Maßstab für ihre Qualität sind die strittigen Fälle, die zur Entscheidung anstehen. Erreicht wird die Bestimmung durch einen Konsensus der Sprachteil-

---

2 1. Mose 3: 1-7.

haber, die sich auf eine neue façon de parler verständigen,[3] was nicht heißt, daß der Konsensus alle gleichermaßen befriedigt oder auf freie Entscheidung zurückgehen muß. Für uns ist im Augenblick wichtig zu untersuchen, ob ähnliche Zusammenhänge im Fall der Forderung nach Klärung des Wahrheitsbegriffs zu erkennen sind.

Tatsächlich haben wir häufig Probleme mit der Wahrheit und wären froh, wenn wir weniger hätten. Aber diese Probleme sind anderer Art: Es geht darum festzustellen, o b dies und jenes wahr ist oder nicht, und das ist nicht dadurch zu klären, daß der Wahrheitsbegriff genauer bestimmt wird. Wenn etwa zur Debatte steht, ob es stimmt - wahr ist -, daß Franco gestorben ist, ist es nicht nur sinnlos, sondern äußerst abgeschmackt, zu erklären: "Wenn Franco gestorben ist, dann ist 'Franco ist gestorben' wahr."[4] Probleme mit dem Gebrauch von *wahr*, die durch eine Begriffsklärung auszuräumen wären, sind sicher seltener und sind für gewöhnlich, wenn nicht sogar grundsätzlich, dann zu beobachten, wenn Aussagen über die Grammatik von *wahr* gemacht werden bzw. worden sind und dabei verschiedene Auffassungen - Theorien - von Wahrheit aufeinander treffen. Die Dispute, die dann geführt werden, sind meist philosophischer - man könnte auch sagen akademischer - Natur, d.h. sie sind nicht aus dem alltäglichen Gebrauch des Begriffs entstanden, sondern bei uneigentlichem Gebrauch: "Denn die philosophischen Probleme entstehen, wenn die Sprache feiert."[5]
Wenn wir über *wahr* reden, i.e. über die Bedeutung des Ausdrucks reden, statt diese, was sein eigentlicher Gebrauch ist, mit ihm zum Ausdruck zu bringen, führen wir uns auf "wie Wilde, primitive Menschen, die die Ausdrucksweise zivilisierter Menschen hören".[6] Wir vergessen alles, was wir k ö n n e n , und starren auf das wenige, was wir davon w i s s e n . Daß wir dabei oft zu seltsamen Schlüssen kommen, scheint nur natürlich: Wir gleichen einem Renn-

---

3 Daß sie neu ist, würden die Beteiligten nicht unbedingt behaupten, sondern vielleicht auch, daß es die "eigentliche", "richtige", "vernünftige" ist. Aber das ist ohne Belang.

4 Wir werden unten auf diese Art Wahrheitsdefinition - sie geht auf Tarski zurück, der sie natürlich nicht in einem solchen Zusammenhang vorstellt - genauer eingehen.

5 Wittgenstein, 1953, I, § 38.

6 Wittgenstein, 1953, I, § 194.

fahrer, der sich nicht mit der Tatsache seiner Fahrkunst zufrieden geben will und versucht, sie auf die theoretisch gesicherte Basis seines Wissens über das Rennfahren zu stellen. Solang er das nur am Stammtisch versucht, hat er Chancen, am Leben zu bleiben. Wenn er seine Fahrpraxis daran zu orientieren beginnt, ist er so gut wie tot.

Wissenschaftliche Diskussionen zum Gebrauch sprachlicher Ausdrücke haben Züge von Stammtischunterhaltungen. Sie bleiben für das tägliche Reden auch jener Personen, die sie engagiert führen, meist ohne Konsequenz, was erklärt, daß der Schaden, den sogenannte Begriffsklärungen anrichten, sich in Grenzen hält. Solchen Diskussionen fehlt der Praxisbezug, den wir etwa am Beispiel der Klärung des Begriffs *Fenster* als vor jeder Klärung gegeben feststellen konnten. Freilich erklärt die Existenz bereits versuchter Bestimmungen des Wahrheitsbegriffs nur die Fortsetzung der Diskussion. Es bleibt zu zeigen, wie es überhaupt zu ersten Versuchen einer Klärung kommen konnte. Tatsächlich gibt es dafür praktische Gründe, auch wenn sie nicht so leicht ersichtlich sind wie im Fall des Fensterbegriffs: Der Wahrheitsbegriff kann problematisch werden, wenn Menschen verschiedener Lebensformen, i.e. Sprachen aufeinandertreffen. Mit der Sprache wird, was als wahr bzw. falsch betrachtet wird, relativiert. Zunächst - ohne Kenntnis fremder Lebensformen - ist uns unsere Welt mit ihren Wahrheiten selbstverständlich. Der Gedanke, daß sie eventuell an alternativen Welten zu messen sein könnte, daß wir nicht einfach d i e Welt kennen, sondern e i n Weltverständnis haben, kommt gar nicht auf. "Die Wirklichkeit der Alltagswelt stellt sich mir ferner als eine intersubjektive Welt dar, die ich mit andern teile."[7] Zwar haben wir auch im Alltag unsere Probleme, aber "solange die Routinewirklichkeit der Alltagswelt nicht zerstört wird, sind ihre Probleme unproblematisch".[8] Die Routine wird gestört, wenn wir in Kontakt mit fremden Lebensformen kommen: In unserer Lebensform ist auch dann, wenn etwas strittig geworden ist, noch klar, was zu tun wäre, um den Konflikt zu lösen, d.h. was etwa als Beweis zu betrach-

---

7 Berger/Luckmann, 1970, 25.
8 Berger/Luckmann, 1970, 27.

ten wäre.[9] Diese prinzipielle Übereinstimmung ist mit Mitgliedern fremder Lebensformen nicht gegeben. Hier kann es nicht allein zu einem Dissens darüber kommen, ob dies oder jenes wahr bzw. falsch ist, sondern auch darüber, wie Wahrheit bzw. Falschheit zu zeigen wären: Jede Lebensform hat ihre Wahrheiten und Wege, sie zu beweisen. Das Problem ist, daß der Gedanke, daß es verschiedene Wahrheiten geben könnte, zunächst nicht vorgesehen scheint und wir uns damit nicht abfinden wollen und können. Soviel wissen wir von der Grammatik von *wahr*, daß es nicht angeht, daß jeder seine eigene Wahrheit hat. Die Gründe dafür sind kaum zurückzuweisen. Schließlich soll, was wahr ist, a l l e n gemeinsam als Grundlage für das Handeln in e i n e r Welt dienen. Wie könnten wir miteinander zurande kommen, wenn jeder in seiner eigenen Welt - darauf scheint eine Preisgabe des vermeinten Wahrheitsbegriffs letztlich hinauszulaufen - lebt? Die Frage soll hier nicht - noch nicht - weiter betrachtet werden. Wir wären damit bereits mitten in dem Versuch, den Wahrheitsbegriff zu klären. Zunächst sei nur auf das Problem verwiesen, das uns beim Gebrauch von wahr entstehen kann und eine Klärung erst erforderlich macht.

Was sollen wir tun, um herauszufinden, was es heißt, daß etwas wahr ist? "Wahrheit ist", wie Frege sagt, "nicht eine Eigenschaft, die einer besonderen Art von Sinneseindrücken entspricht".[10] Was wahr ist, läßt sich nicht im üblichen Sinn lokalisieren. Man kann nicht mit dem Finger darauf deuten, wie das etwa bei Fenstern möglich wäre. Die Verwirrung, in die wir geraten, wenn wir herausfinden wollen, was *wahr* bedeuten kann, beginnt bereits damit, daß wir nicht genau wissen, was es ist, das wahr sein kann. Man könnte das nächstliegende tun, was man für gewöhnlich tut, wenn man die Bedeutung eines Ausdrucks nicht kennt, und sich in Wörterbüchern und

---

9 Das stimmt freilich nur bis zu einem gewissen Grad, weil keine Lebensform einen völlig integrierten Sinnzusammenhang bietet, sondern Grenzbereiche kennt, in denen Verständigung selbst für ihre Mitglieder nicht restlos erreicht ist. Vielleicht kann schon hier Anlaß für bestimmte grundlegende Klärungen gegeben sein. Ich vernachlässige diesen Aspekt, weil ich den Kontakt zu fremden Lebensformen als Paradigma gewählt habe, was zur Darstellung des Problems genügt.

10 Frege, 1966, 33.

Lexika informieren, was zu *wahr* gesagt wird. Dazu muß man einige Mühe aufwenden: Die wenigsten dieser Werke enthalten ein Lemma *wahr*. Eher schon *Wahrheit*, *Wahrheitstheorie* und verwandte Komposita. Aber in größeren Bibliotheken findet sich doch manches. Hier eine Auswahl:[11]

(1) wahr, -er, -ste, adj. u. adv. 1) wirklich, nicht scheinbar; dem Ding zukommend; in Gegensatz von falsch, und zum Unterschiede von echt, welches zu jenem noch den Begriff des Werthes und Vorzuges hinzufügt. Vergl. auch Recht und Richtig. Dies ist der wahre Balsambaum von Mecca. Dies ist nicht der wahre Name der Pflanze. Der wahre König wurde von dem Afterkönig verdrängt. Die wahre Religion. Der wahre Glaube. Darin besteht die wahre Glückseligkeit. Die wahre Liebe erduldet solches. Der wahre Gott, im Gegensatz von falschen, erdichteten Göttern. Das Wahre vom Falschen unterscheiden... 2) Mit der Sache selbst übereinstimmend; von Reden und Aussprüchen. Es ist wahr, was er sagt. Es ist wahr, daß er es gethan hat. Sie reden sehr wahr, gewöhnlicher, Sie sagen die Wahrheit ... Etwas für wahr halten, annehmen. Ein wahrer Satz, Ausspruch. Ich glaube nicht, daß es wahr ist. Ist es auch wahr, was sie sagen? ... Ist es nicht wahr, verhält es sich nicht so? Nicht wahr, Sie haben es mir gegeben. Die Sache ist ganz wahr ...

(2) wahr, adj. der Wirklichkeit gemäß, verwirklicht, wirklich, echt, zu recht, naturgetreu, wahrhaft usw.

(3) wahr <Adj.>: 1. *mit dem wirklichen Geschehen übereinstimmend; wirklich; tatsächlich; nicht erfunden*: eine wahre Geschichte. *etwas wird w. (*etwas trifft ein*): seine Vermutungen sind w. geworden; etwas wahr machen (*etwas in die Tat umsetzen*): er machte seine Drohungen w. 2. <nur attributiv>: *echt, recht, richtig*: das ist wahre Kunst; es ist ein wahres Wunder, daß ihm nichts passiert ist.

(4) Wahrheit, die Übereinstimmung eines Satzes mit den Tatsachen; zu unterscheiden von der "Richtigkeit", worunter die formale Gültigkeit eines Satzes verstanden wird. Die Frage nach der W. ist eine der wichtigsten philos. und wissenschaftlichen Fragen.
In der Philosophiegeschichte lassen sich vier Typen von Theorien über die W. unterscheiden: 1) Nach der Adäquationstheorie (Korrespondenztheorie) ist W. ein Prädikat, das einer Aussage (einem Urteil) dann zukommt, wenn der behauptete Sachverhalt besteht (Aristoteles). 2) Nach der Kohärenztheorie (Hegel, Bradley, Joachim) besteht die W. eines Urteils darin, daß es notwendiges Glied eines systematischen Ganzen von Urteilen ist. Nach B. Blanshard ist ein Urteil in dem Maß wahr, wie dieser Zusammenhang vollständig ist. 3) Der Pragmatismus (W. James, J. Dewey) mißt die W. eines Urteils

---

11 Ich verzichte auf genaue Zitierung, da es mir nicht auf Auseinandersetzung mit speziellen Artikeln ankommt.

an seiner Bewährung in Wissenschaft und Leben oder an seinem Wert, seiner Bedeutsamkeit für diese. 4) Die objektivistische Theorie kennt außer der W. der Urteile noch eine solche der Gegenstände, eine Seinswahrheit als Angemessenheit des Seins an die Erkenntnis, so schon in der Scholastik Die objektivistische Theorie wurde von E. Lash erneuert, sie wird heute insbesondere von M. Heidegger vertreten.

Wenn die Wörterbücher halten, was sie versprechen, müssen wir nach Lektüre dieses Textes einiges zum Begriff der Wahrheit wissen. Ich bezweifle allerdings, daß wir einer Klärung entscheidend näher gekommen sind. Und dies nicht, weil die Artikel z.T. etwas konfus aufgebaut sind - ein halbwegs gebildeter Mensch wird sie trotzdem einigermaßen verstehen -, sondern weil, was hier vorgebracht wird, keine Antwort auf unsere Frage im Zusammenhang des Problems geben kann, in dem Klärung erst erforderlich wurde. Tatsächlich ist der Nutzen dieser Artikel beschränkt auf die Verfügung über die angeführten Belegstellen für den Gebrauch von *wahr*. Die erklärenden Paraphrasen sind Ausdruck eines bereits theoretisch bedingten Verständnisses des Wahrheitsbegriffs. Wir werden darauf zurückkommen. Hier genügt die Feststellung, daß in die Paraphrasen Hypothesen der Verfasser über den Gebrauch von *wahr* eingehen, und diese Hypothesen gehen nicht darauf zurück, daß man den Gebrauch von *wahr* zu erfassen suchte - dem Volk "aufs Maul geschaut" hat -, sondern darauf, daß sich die Verfasser mit Wahrheitstheorie befaßt haben. Ich kann das jetzt nur behaupten, aber wenn ich mit meinen Ausführungen fertig bin, sollte sich zeigen, daß es zutrifft.

Sinnvoll scheint das Zusammentragen von Belegstellen. Sie überlassen dem Leser die Aufgabe, sich einen Vers darauf zu machen, aber das ist besser, als ihn mit schlechten Hypothesen in die Irre zu führen. Wir haben in diesen Belegstellen doch eine Analogie zur demonstratio ad occulos: Auch dort bleibt es dem Betrachter überlassen, zu verstehen, was ihm gezeigt werden soll.[12] Die Liste der Belegstellen simuliert, wenn auch unter miserablen Bedingungen,[13] die Situation, in der wir uns befinden, wenn wir eine Sprache lernen. Sie konfrontiert uns mit Verwendungen eines Ausdrucks in be-

12 Zu diesem Problem siehe auch Strecker, 1973, 265f.
13 Siehe hierzu Strecker, 1973, 264ff.

stimmten Zusammenhängen. Sie s a g t nicht, was er bedeutet. Sie sucht, es zu zeigen. Und so kann u.U. eine Verwirrung, in die wir hinsichtlich des Gebrauchs eines Wortes geraten sind, ausgeräumt werden.[14] Aber der Blick auf den Gebrauch, der immer ein Blick auf Beispiele sein muß, ist nicht unproblematisch: Einmal sind die Beispiele immer ausgewählte Beispiele. Sie können so gewählt sein, daß sie - absichtlich oder unabsichtlich - zu falschen oder ungenügenden Hypothesen über den Gebrauch führen können. Wie stellen wir fest, daß wir die richtigen Beispiele vorliegen haben? Wer stellt das fest? Vor allem aber: Selbst wenn wir unbestritten die richtigen Beispiele gefunden haben, können wir sicher sein, daß wir - man - im Gebrauch des Ausdrucks keine Fehler machen?

Nicht alle Verwendungen eines Ausdrucks sind korrekt. Wer die Sprache, der der Ausdruck zugerechnet wird, beherrscht, wird in vielen Fällen in der Lage sein, korrekte von unkorrekten Verwendungen zu unterscheiden. An ihn wird man sich wenden, damit er die gewünschten Feststellungen trifft. Aber auch bei ihm ist Vorsicht geboten. Nicht alles, was er als unkorrekt zurückweist, muß unkorrekt sein. Seine Bestimmung kann ihrerseits unkorrekt sein, unbeschadet der Tatsache, daß er als kompetenter Sprachteilhaber zu betrachten ist, denn diese Bestimmung ist keine Manifestation seiner Sprachkompetenz: Was er als korrekt bzw. unkorrekt zu bewerten hat, ist nicht eine korrekte Verwendung eines Ausdrucks, sondern eine uneigentliche, zitierende Verwendung, der der natürliche Sinnzusammenhang fehlt. Es ist, als ob man einem kompetenten Mechaniker eine Schraube zeigt und ihn fragt, ob sie zu einer bestimmten, ihm wohlvertrauten Maschine gehört oder nicht. Die richtige Bewertung von Beispielen ist wesentlich eine Frage der Phantasie, die einem erlaubt, sich Zusammenhänge auszudenken, in denen der fragliche Ausdruck korrekt verwendet wäre.[15] Hinzu kommt

---

14 Wohl in diesem Sinn ist es zu verstehen, wenn Wittgenstein vom Philosophen - dem, der zu klären sucht - sagt: "Die Arbeit des Philosophen ist ein Zusammentragen von Erinnerungen zu einem bestimmten Zweck." Wittgenstein, 1953, I, § 127.

15 Sogenannte semantische Abweichungen sind häufig nichts weiter als Mangel an Phantasie seitens des urteilenden Linguisten. Womit ich mich nicht darauf festlegen will, daß es solche Ab-

eine weitere Schwierigkeit: Nicht alle letztlich korrekten Beispiele sind gleichermaßen geeignet, an ihnen den rechten Gebrauch eines Ausdrucks zu lernen. Wer etwa *rot* immer nur im Zusammenhang mit *Kommunismus*, *Sozialismus* usw. verwendet fände, würde vermutlich wesentlichere Aspekte des Gebrauchs von *rot*[16] nicht erlernen. Einen Ausweg aus diesen Schwierigkeiten, der sie vermeiden ließe, gibt es nicht. Wir sind bei der Auswahl richtiger Beispiele auf unsere Phantasie angewiesen, die bis zu einem gewissen Grad von der Sprachkompetenz kontrolliert wird. Jeder, der glaubt, sich in einer Sprache artikulieren zu können, ist gleichermaßen in der Lage, sich an der Auswahl zu beteiligen. Niemand - auch kein Sprachwissenschaftler als Fachmann für Sprache - hat ein besonderes Recht, seine Auffassungen durchzusetzen. Zwar scheinen manche Sprachteilhaber kompetenter zu sein als andere, aber das heißt nicht, daß sie sich im Fall eines Streits über den Gebrauch eines Ausdrucks auf ihre Kompetenz berufen und damit den Streit entscheiden können. Überlegene Kompetenz muß sich z e i g e n . Es nützt wenig zu s a g e n , daß man sie hat. Daran ändert auch die Tatsache nichts, daß manchmal ein Streit mit einem Verweis auf die Kompetenz eines der Beteiligten entschieden wird: Solche Verweise haben nur Sinn, wenn die Kontrahenten damit an frühere Beweise überlegener Kompetenz erinnert werden, oder wenn unabhängig von diesem Verweis davon ausgegangen werden kann, daß jener eine hier die überlegene Kompetenz hat. Beispiele wären etwa:

(a) Zwei Freunde streiten sich darüber, was eine Zwergschule ist. Der eine meint, es sei eine Schule für Zwerge. Der andere sagt, es sei eine Schule, in der mehrere Schülerjahrgänge gemeinsam unterrichtet werden. Um seine Meinung durchzusetzen, sagt letzterer: "Ich hab bisher noch immer Recht gehabt, wenn wir uns gestritten haben." Der andere erinnert sich, daß er tatsächlich immer unrecht hatte. Sie hatten die Sache meist soweit getrieben, bis der Streit durch Rückfragen bei für

---

weichungen nicht gibt. Im Gegenteil, ich bin sicher, daß es sie gibt, aber sie sind nicht an kontextfreien Beispielen festzumachen, sondern an konkreten Verwendungen in Raum und Zeit.

16 Wesentlicher im Hinblick auf den alltäglichen Gebrauch.

kompetent erachteten Bekannten oder durch Nachschauen in einschlägigen Lexika auf eine beide befriedigende Weise beigelegt werden konnte. Die Erinnerung an diese Erfahrungen kann den ersten dazu bewegen, die Meinung des zweiten als korrekt gelten zu lassen.

(b) Ein Deutscher und ein Italiener sind in Streit darüber geraten, ob man sagen kann, jemand sei von Rom durch Neapel gefahren. Das könnte sich so anhören:

I: Und dann ist mein Bruder mit dem Zug von Rom durch Neapel gefahren.

D: Ich glaub, ich versteh nicht recht. Was hat dein Bruder gemacht?

I: Er ist durch Neapel gefahren.

D: Du meinst wohl, er ist von Rom nach Neapel gefahren.

I: Nicht nach Neapel. Er ist doch in Neapel ausgestiegen.

D: Jetzt versteh ich. Er ist doch nach Neapel gefahren. *Nach Neapel*, heißt nicht *hinter Neapel*. Man sagt im Deutschen, einer fährt nach Neapel oder München oder Hamburg, wenn man am Ende in der Stadt sein will. Du hast wahrscheinlich ein schlechtes Wörterbuch benutzt.

I: Ich habe nachgeschaut: *per Napoli*. *Napoli* ist auf Deutsch *Neapel*. *Per* heißt *durch*.

D: Aber in diesem Zusammenhang mußt du es mit *nach* übersetzen

I: Wirklich?

D: Du kannst mir glauben. Schließlich ist Deutsch meine Muttersprache.

Vermutlich wird der Italiener dem Deutschen glauben. Er sieht sich auf die für beide unstrittige Tatsache verwiesen, daß Menschen ihre Muttersprache meist besser beherrschen als Fremdsprachen.[17]

In beiden Beispielfällen wäre denkbar, daß der Verweis auf überlegene Kompetenz nicht die beabsichtigte Wirkung hat. Die Partner könnten ihn zurückweisen, und dann wäre er eben kein Argument. Hier zeigt sich, was oben über die Natur unserer Sprache

---

17 Das Beispiel wäre sicher sehr viel besser zu gestalten, aber es kommt mir hier nicht darauf an, den Sinn linguistischer Theorien zu demonstrieren.

gesagt wurde: Sie ist niemals eine ausgemachte Sache, so daß man hoffen könnte, einen Streit über die Verwendung eines ihrer Ausdrücke ohne die Möglichkeit zur Widerrede zu Ende zu bringen, indem man irgendwo nachschaut, wie der Gebrauch dieses Ausdrucks wirklich ist. Es gibt keine Methode, keine Semantik, die uns positives Wissen über den Gebrauch eines sprachlichen Ausdrucks sichern könnte. Aber uns bleibt die Möglichkeit zu argumentieren. Die Argumentation ist die Methode, wenn man hier noch von Methode reden will, zur Klärung von Begriffen. Sie ist, zumindest was die Klärung von Begriffen betrifft,[18] topisch:[19] Sie verzichtet auf Dogmen, die sich einer Hinterfragung entziehen, und gibt der Verständigung von Menschen eine Chance, weil sie jeden zu Wort kommen läßt und ihn zum Maß für den Erfolg macht, so daß sich jeder ernstgenommen weiß und ohne Vorbehalte hinter dem stehen kann, was an Verständigung erreicht worden ist. Die überlegene Kompetenz hat nicht nötig, von sich reden zu machen. Sie zeigt sich in der Argumentation, indem sie sich in Argumenten von überlegener Überzeugungkraft äußert. Der Einwand, daß sich die überlegene Kompetenz eines Menschen im Disput mit einem ausgemachten Trottel nicht auswirkt, ändert daran nichts. Er verweist uns lediglich auf die Grammatik von *überlegen*: Wenn von etwas gesagt wird, es sei überlegen, ist damit auch gesagt, daß da etwas ist, dem es überlegen ist. Seine Überlegenheit besteht relativ zu diesem etwas. Im Fall der "überlegenden Kompetenz" und dem "Trottel", ist, auch wenn das so scheinen mag, keinesfalls klar, daß der Trottel die geringere Kompetenz hat, weil das Maß zur Feststellung der Überlegenheit eben jene Sprache ist, auf die Trottel und jener andere verständigt sind. Wenn wir den einen als Trottel bezeichnen, den andern als im Besitz einer überlegenen Kompetenz, dann nicht, weil wir beobachtet haben, daß einer sich im Disput der beiden als überlegen und erfolgreich erwiesen hat, sondern weil wir beide im Hinblick auf uns bewerten: Wir sind von den Argumenten des einen mehr angetan als von jenen des andern. Der Eindruck,

---

18 Sicher auch darüber hinaus, aber, das zu zeigen, ist gerade Gegenstand der Arbeit.

19 Siehe hierzu Viehweg, 1974 und Rodingen, 1975.

es sei ausgemacht, wer kompetenter ist, entsteht durch unsere Darstellung. Wir geben uns entschieden, und unsere Darstellung läßt unsere Entscheidung unwidersprochen stehen.

Versuche, zu einer allgemeingültigen Bestimmung kompetenter Sprachteilhaber zu kommen, gehen von einer falschen Voraussetzung aus: Eine solche Bestimmung wäre allenfalls möglich, wenn das Spiel, das uns unsere Sprache ist bzw. sein kann, vollständig und gültig zu erfassen wäre. In diesem Fall würde sich eine Bestimmung der Sprachkompetenz von Sprachteilhabern für unsere Zwecke erübrigen. Wir wären nicht darauf angewiesen, kompetente Sprachteilhaber nach ihrer Bewertung von Beispielen zu fragen, sondern könnten uns direkt dort informieren, wo unsere Sprache erfaßt wäre, also etwa anhand eines Regelverzeichnisses. Daß ein solches Regelverzeichnis nicht existiert, ist nicht kontingent, sondern notwendig. Wir haben darauf schon im Zusammenhang der Betrachtung des Sinns argumentativen Handelns verwiesen[20]: Unsere Sprache ist keine ausgemachte Sache. Die Möglichkeit von Argumentation über reines Kalkulieren im Rahmen eines logischen Systems hinaus besteht, weil unsere Sprache offen ist. Wenn Begriffe zu klären sind, stehen die Regeln des Spiels selbst zur Diskussion. Ein Verweis auf ein, wie auch immer geartetes, Regelverzeichnis, kann in einer solchen Diskussion, nur den Status eines Vorschlags halten. Soll ein Regelverzeichnis - eine Grammatik - oder ein als kompetent betrachteter Sprachteilhaber, was ersterem in etwa gleichzusetzen wäre, als Entscheidungsinstanz betrachtet werden, dann nur mit Zustimmung aller Beteiligten. Wird eine Entscheidung einer solchen Instanz gegen einen der Beteiligten durchgesetzt, ist das Willkür. Es gibt Gründe für derartige Willkürentscheidungen. Vermutlich können komplexe Gesellschaften nur mit solchen Entscheidungen funktionieren, und ich stehe nicht an, dies generell zu kritisieren. Ich meine allerdings, daß wir uns über Bedingungen und Preis solcher Entscheidungen Rechenschaft geben sollten, und sei es nur deshalb, weil wir so zu der Einsicht kommen könnten, daß weitere Rechtfertigung nicht möglich ist und wir die Verantwortung für derartige Entscheidungen voll zu tragen haben.

---

20 Siehe hierzu oben 1.1.

Wir, d.h. jeweils ich, befinden darüber, wer als kompetent zu gelten hat, und damit letztlich darüber, was als richtiges Beispiel gelten soll. "Das vorgefundene Grundproblem bleibt permanent, was im Bereich menschlichen Handelns nichts Ungewöhnliches ist".[21] Wir konnten für argumentatives Handeln keine letztgültigen Prinzipien für den Bereich empirisches Aussagen finden. Dasselbe gilt auch jetzt, wo es um Prinzipien der Klärung von Begriffen geht. Es gelingt nicht, zu unbedingt verläßlichen Urteilen über den Gebrauch sprachlicher Ausdrücke zu kommen, weshalb jede Aussage über die Bedeutung von *wahr* letztlich ungerechtfertigt erscheinen mag. Es wäre falsch, dies als Mangel zu verstehen. Solchen Aussagen entgeht nichts, was prinzipiell erreichbar wäre. Wir haben einen hinreichend guten Ersatz für die unerreichbare Rechtfertigung: Wir können miteinander darüber reden, wie wir reden wollen. Wo die Möglichkeit letzter Rechtfertigung endet, verfügen wir in der Argumentation - in der wir uns auch dann bereits befinden, wenn wir uns vornehmen zu klären, was es damit auf sich hat - über eine Form zwischenmenschlicher Beziehung, die Rechtfertigung überflüssig macht, weil sie, wenn sie ernstgenommen wird, frei von Anmaßung ist.

In der Argumentation wird die Sprachkompetenz jedes Beteiligten zum Maß dafür, was als Argument betrachtet werden kann. Doch damit ist die Sprache, die argumentierend erreicht werden kann, nicht auch schon auf das beschränkt, was jene Sprachteilhaber vorbringen können, die am wenigsten zu sagen haben. Zur Diskussion steht alles, was überhaupt von irgendeinem Sprachteilhaber vorgebracht werden kann. Das ist für gewöhnlich mehr, als ein Einzelner jemals ausdenken könnte.[22] Nicht jeder findet immer die passenden Worte, was ihn nicht daran hindert, Worte anderer als passend zu erkennen. Darin besteht der Witz von Dichtung wie Argumentation. Der Dichter spricht aus, was man selbst nie oder so nie hätte sagen können.

---

21 Viehweg, 1974, 97. Viehweg sagt dies in einem anderen, m.E. verwandten Zusammenhang: Er spricht von der Lage der Jurisprudenz.

22 Mengentheoretisch gesprochen: Die Menge der Aussagen, die überhaupt gemacht werden können, ist mindestens so groß wie die Menge der Aussagen, die der kompetenteste, besser, der phantasievollste Sprachteilhaber machen kann.

Die Erkenntnis, daß dies sagbar ist, kann faszinieren und führt dazu, den Sprecher bzw. Schreiber als Künstler zu betrachten. Ähnlich bestechend sind gute Argumente: Sie bringen zum Ausdruck, was man, wäre man beredt, gern selbst gesagt hätte.[23] Deshalb werden sie als Argumente anerkannt. Die Diskrepanz zwischen dem, was einer - zu einem gegebenen Zeitpunkt - sagen kann, und dem, was ihm, wenn er es gesagt findet, einleuchtet, ist der Raum für Argumentation. Weil wir von dieser Diskrepanz wissen, argumentieren wir. Wenn wir davon ausgehen müßten, daß jeder alles, was er überhaupt akzeptieren wird, selbst sagen könnte, bestünde kein Anlaß zu Argumentation: Wir könnten nie hoffen, etwas zu sagen, was überzeugt, weil die andern immer schon unserer Meinung wären oder eben entschieden anderer Meinung.

Die Klärung der Bedeutung sprachlicher Ausdrücke ist, wie wir feststellen konnten, argumentativ zu leisten. Da es sich um Ausdrücke mit öffentlichem Gebrauch handelt, besteht ein öffentliches Interesse an der Argumentation über die Bedeutung dieser Ausdrücke, was soviel heißt, daß diese Argumentation nicht Sache einiger weniger Spezialisten - etwa Linguisten - sein kann, die ihre Erkenntnisse als laienhaftem Zweifel entzogene Forschungsergebnisse einer breiten Öffentlichkeit präsentieren. Aber, obwohl diese Argumentation jedermanns Sache ist, kommt Philosophen und Linguisten dabei eine besondere Rolle zu, für die sie sich allerdings qualifizieren müssen, was nicht damit geschehen ist, daß sie als Philosophen oder Linguisten anerkannt werden. Es ist die Rolle dessen, der mehr zu sagen weiß als andere: Bei der Untersuchung des Gebrauchs eines sprachlichen Ausdrucks genügt es nicht, richtige Verwendungen von falschen bzw. mehr oder weniger abweichenden Verwendungen unterscheiden zu können. Wäre dies alles, wäre Sprachwissenschaft, zumindest in diesem Bereich, als besonderes Fachgebiet überflüssig, weil jeder, der seine Sprache einigermaßen beherrscht, dazu ebenso qualifiziert ist wie ein Fachwissenschaftler. Bevor es zu einer Bewertung von Beispielen

---

23 "Die besten Bücher sind die, von denen die, die sie lesen, glauben, sie hätten sie selbst schreiben können." Pascal, 1963, 102.

kommen kann, muß jemand Beispiele vorschlagen. Ein spezielles Vorschlagsrecht gibt es nicht, auch nicht für Spezialisten, aber Spezialisten können sich dabei auszeichnen, indem sie besonders einleuchtende Beispiele zusammentragen.[24]

Das Zusammenstellen von Beispielen rechten Gebrauchs eines sprachlichen Ausdrucks wirkt klärend, wenn uns die Beispiele einen Weg zeigen, den fraglichen Ausdruck in problematisch gewordenen Zusammenhängen so zu verwenden, daß Probleme gar nicht erst auftreten. Die Beispiele ergänzen, wo eine Klärung herbeigeführt werden kann, die Paradigmata, in denen jeder der beteiligten Sprachteilhaber den Gebrauch eines Ausdrucks erlernt hat, derart, daß sie - zumindest für anstehende Probleme - gleiche Paradigmata und auf ihrer Grundlage gleiche Redeweisen haben können. Die Idee, die solchem Vorgehen zugrunde liegt, ist, daß zunächst offensichtlich verschiedene Gebräuche sprachlicher Ausdrücke - offensichtlich geworden etwa als Dissens bezüglich möglicher Konsequenzen einer Behauptung - auf mangelhafte Kenntnis des öffentlichen Gebrauchs dieser Ausdrücke zurückzuführen sind: Wir überblicken die Grammatik, i.e. die Möglichkeiten der korrekten Verwendung, eines Ausdrucks nicht hinreichend gut, um jederzeit in der Lage zu sein, die Konsequenzen, die Verwendungen dieses Ausdrucks haben können, richtig einzuschätzen. Die Anführung von Beispielen kann dann Erinnerung oder Ergänzung sein, die hilft, Richtigkeit bzw. Falschheit einer gegebenen Verwendung oder eines Schlusses einzusehen, der auf der Grundlage eines bestimmten Gebrauchs eines Ausdrucks zu verstehen ist. Solches Vorgehen - es handelt sich im Grund um Argumentation - kann uns zu immer mehr Gemeinsamkeit, mehr Sprache, an der wir gleichermaßen teilhaben, führen.

---

24 Was den Spezialisten vom Nicht-Spezialisten unterscheidet, muß sich nicht spektakulär äußern: "In einem podolischen Nest bleibt ein Reisender mit seinem Automobil stecken. Alle Mühe, den Wagen selber zu reparieren ist vergeblich. Man ruft den jüdischen Dorfklempner. Dieser öffnet die Motorhaube, blickt hinein, versetzt dem Motor mit einem Hämmerchen einen einzigen Schlag - und der Wagen fährt wieder! "Macht 20 Zloty", erklärt der Klempner. Der Reisende: "So teuer?! Wie rechnen sie das?" Der Klempner schreibt auf: Gegeben a Klopp 1 Zloty. Gewußt wo 19 Zloty. Zusammen 20 Zloty." Aus: *Jüdische Witze*, ausgewählt und eingeleitet von Salcia Landmann.

Gemeinsamkeit kann argumentativ erreicht werden, was die oben gestellte Frage, wie wir feststellen, ob die Beispiele richtig gewählt sind, hinreichend zu beantworten scheint: Das Problem, wer hier was festzustellen habe, tritt bei solchem Vorgehen gar nicht auf, weil in der Argumentation die Anmaßung aufgehoben ist. Bleibt das Problem, ob wir, wenn wir so zu e i n e r Sprache gefunden haben, sicher sein können, daß wir uns nicht grundlegend irren. Bevor dieses Problem befriedigend gelöst ist, scheint mir sprachanalytisches Vorgehen - die hier skizzierte Methode der Begriffsklärung - nicht sinnvoll, weil es ständig pauschalen Angriffen ausgesetzt bliebe, die es insgesamt in Frage stellen könnten, ohne daß ihnen wirksam begegnet werden könnte. Wenn es gelingt, das Problem befriedigend zu lösen,[25] werden wir auch die Klärung des Wahrheitsbegriffs einer Lösung wesentlich nähergebracht haben. Beide Probleme sind eng verwandt, wie sich noch zeigen wird.

Das Problem scheint schnell gelöst: Selbstverständlich können wir - sofern wir nicht alle von uns sind, und das ist praktisch nie der Fall - uns darin irren, wie der rechte Gebrauch eines Ausdrucks in unserer Sprache ist. Niemand wird in Frage stellen, daß ich mich - und jeder andere sich - hierin irren kann. Warum soll eine mehr oder weniger zufällige Gruppierung von Sprachteilhabern, die sich alle irren können, sich nicht insgesamt irren können. Gerade weil Klärung argumentativ herbeigeführt werden soll, scheint es wahrscheinlich, daß ein Irrtum unter die Leute gebracht werden kann, wenn nämlich der beste Redner sich irrt. Zwar können sich die an einer klärenden Argumentation beteiligten Sprachteilhaber auf einen Gebrauch verständigen, so daß ihnen im Verkehr miteinander keine Probleme entstehen, aber im Hinblick auf die Sprache, die sie mit weiteren Sprachteilhabern gemeinsam haben, kann ihr Gebrauch abweichend sein. Es kann sein, daß sie sich bei ihrem Versuch, einen Begriff zu klären, zu einem abweichenden - im Hinblick auf den öffentlichen - Gebrauch verstiegen haben, der die Gemeinsamkeit der In-group steigern mag, aber auf Kosten der Gemeinsamkeit mit Mitgliedern der umfassenderen Sprachgemeinschaft.

---

25 Das kann in meiner Arbeit nur heißen: Auf mich befriedigende Weise. Die Diskussion, die ich anregen möchte, kann meine Zufriedenheit wieder erschüttern.

Ich sehe zwei mögliche Reaktionen auf eine solche Entwicklung. Entweder man anerkennt, daß sich hier eine Gruppe aus der größeren Gemeinschaft partiell ablöst und ihre eigene Sprache hat, oder man konstatiert die Abweichung und dehnt die Diskussion, die zu ihr geführt hat, weiter aus, um zu einer neuen Gemeinsamkeit in der Sprachgemeinschaft zu finden. Ersteres wird nur beschränkt möglich sein, da eine Gemeinschaft sich nicht leisten kann, daß sich nach Belieben einzelne Gruppen von ihr ablösen, wenn sie als Gemeinschaft mehr ist als eine Ansammlung von Individuen: Menschen leben nicht deshalb in Gemeinschaft, weil sie eine gemeinsame Sprache haben, sondern sie haben eine gemeinsame Sprache, weil sie zusammenleben. Aber angenommen, die Ablösung ist möglich, dann stellt sich immer noch die Frage, ob die Sprache, die die Gruppe für sich erreicht hat, insgesamt korrekt ist. Die Frage hat jetzt einen anderen Sinn. Ich stelle die Beantwortung für den Augenblick zurück, weil dieselbe Frage nochmals auftreten wird. Die zweite Möglichkeit ist zunächst unproblematisch. Sie läßt sich so verstehen, daß die Klärung eben nicht abgeschlossen ist, solang nicht alle Mitglieder der Sprachgemeinschaft an ihr beteiligt waren.

Es wird in der Praxis, zumal bei einem Ausdruck wie *wahr*, kaum gelingen, eine Klärung zu finden, die alle Mitglieder der Sprachgemeinschaft befriedigt. Die Frage, ob wir, wenn wir einmal eine zufriedenstellende Klärung erreicht haben, die nicht weiter in Frage gestellt wird, davon ausgehen können, daß wir uns nicht irren, scheint etwas praxisfern. Ihre Bedeutung ist aber nicht davon abhängig, ob jemals ein Konsensus erreicht wird. Entscheidend ist, daß Begriffsklärungen mit dem Anspruch verbunden sind klarzustellen, wie m a n zu reden hat: Wenn argumentativ ein Konsensus erreicht würde, wäre es ein Konsensus darüber, wie m a n zu reden hat. Die Frage ist, ob darüber argumentativ entschieden werden kann, ob wir, selbst wenn wir alle Mitglieder unserer Sprachgemeinschaft sind, überhaupt in einer Position sind, dies zu entscheiden. Anders ausgedrückt: Sind wir frei, über unsere Sprache zu verfügen?

Als Bürger eines demokratischen Staates sind wir gewohnt, in Mehrheiten zu denken. Als Recht wird festgesetzt, was von einer Mehrheit der Gemeinschaft getragen wird. Je größer die Mehrheit, umso besser ist das von ihr bestimmte Recht begründet. Wenn gar allgemein Übereinstimmung erreicht werden kann, ist das Recht über jeden Zweifel erhaben. Das ist soweit richtig, als, wo allgemeine Übereinstimmung erreicht wird, niemand zweifelt. Die Frage nach der Rechtmäßigkeit dessen, worin Übereinstimmung erzielt wurde, wird faktisch nicht gestellt. Sie kommt möglicherweise nicht einmal jemand in den Sinn. Und damit scheint die Frage, ob wir frei sind, über unsere Sprache zu verfügen, beantwortet: Wir verfügen über sie, was unsere Freiheit zur Genüge beweisen dürfte. Wer könnte uns daran hindern zu bestimmen, wie wir reden wollen, wenn nicht einer von uns, einer der mit uns unsere Sprache teilt? Aber damit ist zunächst nur soviel gesagt, d a ß wir über unsere Sprache verfügen. Die Freiheit haben wir, bleibt zu fragen, ob, was wir verfügen, sinnvoll ist, ob es nicht vielleicht kollektiver Unsinn sein kann.

Was kann es heißen, daß ein Sprachgebrauch sinnvoll sein kann? Ist unsere Sprache nicht einfach das, was wir für gut befinden? Unter formalem Aspekt sicher: Es ist völlig arbiträr, welche Ausdrücke wir verwenden, um etwas zu sagen.[26] Zwar müssen wir, wenn wir kommunizieren wollen, die Ausdrücke gemäß den einmal bestehenden Regeln verwenden, um verstanden zu werden, aber diese Regeln sind veränderbar, ohne daß der Sinn unseres Sprechens betroffen wird. Ob wir *Huk* oder *Kuh*, *hukes* oder *Flausch* sagen,[27] ist im Prinzip gleichgültig.[28] Von dieser Arbitrarität ist allerdings nicht auch das betroffen, was unter Verwendung der Ausdrücke gesagt wird. Man könnte sagen: Die Figuren werden gegen andere ausgetauscht, aber im Grund bleibt das Spiel dasselbe. Eine Sprache, die eine rein morphematische Variante unserer Sprache wäre, würde sich zu unserer Sprache etwa so verhalten, wie ein Schachspiel mit etwas ungewohnten Figuren zu einem mit den üblichen Figuren.

---

26 Dies wird bereits von de Saussure betont. Siehe de Saussure (1969), 100ff.

27 Wir nutzen die Arbitrarität sprachlicher Ausdrücke etwa aus, wenn wir Geheimsprachen definieren. Eine - für Linguisten - unkonventionelle, aber interessante Überlegung hierzu findet sich in Bichsel (1969).

28 Es gibt bestimmte Verwendungen von Ausdrücken, in denen dies nicht zu stimmen scheint, nämlich solche, in denen der Ausdruck selbst zum Gegenstand des Gesagten wird. Aber hier handelt es sich um uneigentliche Verwendungen.

Wenn sich unsere Freiheit in der Verfügung unserer Sprache gerade soweit erstreckt, daß wir neue Ausdrücke - Figuren - wählen können, ist sie relativ uninteressant. Was wir oben angesprochen haben, geht sehr viel weiter. Es geht nicht darum, ob wir *wahr* oder *wrah* oder *XYZ* sagen sollen, um zu sagen, was wir mit *wahr* sagen. Es geht darum, ob es für uns sinnvoll ist, zu sagen, w a s wir wollen, wovon wir wollen.

So wie unsere Sprache gegenwärtig ist, können z.B. wir von keinem Gegenstand zu Recht sagen, er sei vollkommen rot und zugleich vollkommen grün. Der Grund: Für den Gebrauch der Prädikate *ist vollkommen rot* und *ist vollkommen grün* gelten Regeln, die eine derartige Verwendung sinnlos erscheinen lassen. Wir müssen uns zunächst an diese Regeln halten, wenn wir verstanden werden wollen. Aber die Regeln sind hintergehbar. Es gibt nichts, was uns zwingt, gerade von den Gegenständen zu sagen, sie seien rot bzw. grün, von denen wir dies nun einmal sagen.[29] Es geht kein Zwang von den Dingen aus, in bestimmter Weise von ihnen zu reden. Unsere Sprache, wie wir sie antreffen, ist in bestimmter Hinsicht e i n e Möglichkeit, das Außer-Uns einzuteilen, nicht nur Objekten Eigenschaften zuzuschreiben, sondern sie überhaupt erst zu konzipieren. Allein die Tatsache, daß es verschiedene menschliche Sprachen gibt, die sich nicht nur formal unterscheiden, kann zeigen, daß uns im Reden ein Spielraum bleibt, in dem wir als Sprachgemeinschaft willkürlich zu bestimmten Konventionen kommen können. Hier ist dann, solang bestimmte logische Prinzipien nicht verletzt werden,[30] genau das richtig, was wir argumentierend als Konsensus

---

29 Diese Behauptung wird nicht ohne Widerspruch bleiben. Ich lasse sie hier so stehen, weil ich unten im Zusammenhang der Bestimmung dessen, was es heißt, daß etwas wahr ist, genauer darauf eingehe.

30 Ich kann auf die Frage, wie weit wir, auch wenn wir in der beschriebenen Weise frei sind, doch immer logischen Gedanken unterworfen bleiben, hier nicht eingehen. Ich habe mich an anderer Stelle um eine Antwort bemüht. Siehe hierzu Strecker, 1974. Die allgemeine Idee, die ich hierzu habe, ist, daß die Frage, ob wir logische Gesetze bei der Konstruktion von Sprachen verletzen können, müßig ist, weil es uns nicht gelingt, Unlogisches zu denken. "Wir könnten nämlich von einer 'unlogischen' Welt nicht *sagen*, wie sie aussähe." Wittgenstein, 1922, § 3.031. (Kursivschrift von Wittgenstein).

erreicht haben. Ein kollektiver Irrtum ist nicht möglich, weil unsere Sprache eben so ist, wie wir sie haben wollen: Rot ist das, wovon wir sagen, daß es rot ist. Irren kann allenfalls ich mich, wenn ich unseren Sprachgebrauch nicht gut genug kenne.

Es hat keinen besonderen Sinn, daß wir gerade von den Dingen sagen, sie seien rot, von denen wir das nun einmal sagen. Eine Klärung dessen, was es heißt, daß etwas rot ist, kann deshalb dadurch erreicht werden, daß wir uns auf einen bestimmten Gebrauch verständigen. Eine solche Klärung ist allerdings nur im Blick auf künftiges Reden sinnvoll. Wenn wir auf der Grundlage solcher Klärung auch vergangenes Reden, das etwa schriftlich überliefert wurde, verstehen wollen, dann wird uns unter Umständen einiges entgehen. Zwar sind wir frei: Niemand - wenn nicht die Geister der Vergangenheit - kann uns daran hindern, die Überlieferung so zu verstehen, wie wir wollen. Aber anders als bei der sinnlosen Natur[31] können wir bei der Überlieferung einen Sinn darin sehen, sie auf bestimmte Weise zu verstehen, wobei diese Weise eben nicht von uns, auch dann nicht, wenn wir alle sind, bestimmt wird. Die Überlieferung ist selbst sinnhaft. In ihr, mit ihr, wird uns Sinn früheren Handelns übermittelt. Sie hat als Überlieferung nur Bedeutung, wenn wir den in ihr ausgedrückten Sinn zu verstehen suchen. Das bedeutet, daß wir, wenn sie für uns Sinn haben soll, nicht frei darin sind, wie wir die Begriffe, die in ihr zu finden sind, verstehen wollen. Und frei sind wir dann auch darin nicht, wie wir davon reden: Wir müssen dem überlieferten Sinn gerecht zu werden suchen.

Was wir am Beispiel der Überlieferung feststellen konnten, kann allgemein vom Reden über Sinnhaftes gesagt werden. Wo das, wovon die Rede sein soll, selbst sinnhaft ist, und das ist immer der Fall, wenn von menschlichem Handeln bzw. von Ergebnissen menschlichen Handelns gesprochen werden soll, sind wir, wenn wir den dort ausgedrückten Sinn erfassen wollen, nicht frei. Hier kann es geschehen, daß wir, obwohl wir in unserer Sprachgemeinschaft zu einem einheitlichen Verständnis gekommen sein mögen,[32] Unsinn reden,

---

31 Sinnlos in dem Sinn, daß sie uns einfach ist, wie sie ist, ohne daß wir in ihrem So-Sein einen - tieferen - Sinn suchen.

32 Ob wir das wirklich sind, und wie das letztlich festzustellen wäre, braucht in diesem Zusammenhang nicht zu interessieren.

d.h. uns in dem, was wir als Klärung etwa strittiger Begriffe erreicht haben, irren. Wenn wir uns aber irren können, dann ist davon auszugehen, daß unser Sprachgebrauch nicht in jedem Fall korrekt sein muß, auch wenn wir darin übereinstimmen. Und das, meint man, könnte den Sinn des Verfahrens der Begriffsklärung, das oben dargestellt wurde, in Frage stellen: Wenn der Sprachgebrauch selbst unkorrekt sein kann, wie soll Besinnung auf diesen Gebrauch die nötige Klärung bringen?

Die Besinnung auf den Gebrauch, den wir von einem Ausdruck machen, wird zumindest dazu dienen, Klarheit zu schaffen, was wir, wie wir nun einmal reden, sagen, wenn wir diesen Ausdruck verwenden, d.h. sie führt uns zu einem Verständnis dessen, was dieser Ausdruck in unserer Sprache bedeutet. Und das ist, ob wir uns in unserem Reden irren oder nicht, Voraussetzung dafür, Sinn bzw. Unsinn dieses besonderen Gebrauchs zu bestimmen. Wir müssen wissen, was wir sagen, welche Implikationen unser Reden hat, bevor wir urteilen können, ob es sinnvoll ist oder nicht. Die Vermutung, daß ein möglicherweise falscher Sprachgebrauch den Sinn einer sprachanalytischen Methode der Begriffsklärung in Frage stellen könnte, dürfte auf einer Verwirrung bezüglich dessen beruhen, was da geklärt werden soll: Durch solches Vorgehen soll festgestellt werden, wie geredet wird, nicht wie geredet werden sollte. Im Zusammenhang mit der Untersuchung von Begriffsverwirrungen, die durch vorschnelle Behauptungen über den Gebrauch bestimmter Ausdrücke entstanden sind, konnte die Besinnung auf einen Vor- bzw. untheoretischen Gebrauch dieser Ausdrücke, bei dem bestimmte Probleme gar nicht erst auftreten, als ein Versuch verstanden werden, die Verwirrung in Richtung auf ein besseres natürliches Reden aufzuheben. In der Tat können so manche Sprachprobleme ausgeräumt werden. Es ist jedoch falsch zu glauben, daß damit dem sogenannten normalen Sprachgebrauch des Durchschnittsbürgers grundsätzlich der Vorzug zu geben ist.

Die 'normale' Sprache kann gründlich fehlgeleitet sein. Schließlich gehen wir nicht davon aus, daß die sogenannten einfachen Leute mit ihren Ansichten in allen Fragen recht haben, auch wenn sie mit diesen Ansichten überwältigende Mehrheiten zusammenbringen könnten. Wenn sie aber nicht immer recht haben, muß das in ihrem Reden seinen Ausdruck finden. Es muß Fälle geben, in denen sie etwas von einer Sache behaupten, das nicht zutrifft. Da sie aber glauben, daß es zutrifft, werden sie das entsprechende Prädikat für richtig verwendet halten. Mithin wird der Gebrauch dieses Prädikates falsch sein im Hinblick darauf, wie man reden s o l l t e , freilich nicht im Hinblick darauf, wie sie reden. Es sollte nicht überraschen, wenn gerade auch der Gebrauch von *wahr* bei manchen nicht so ist, wie er sein sollte, nach allem, was darüber gesagt und geschrieben worden ist. Wir können nicht einfach sagen: "Laßt uns herausfinden, wie wir diesen Ausdruck normalerweise im Alltag verwenden, dann werden wir wissen, was es heißt, daß etwas wahr ist." Selbst wenn sich hier ein einigermaßen einheitlicher Gebrauch erkennen ließe, wäre noch nicht ausgemacht, daß er sinnvoll ist.

Es scheint wieder Bedeutung zu gewinnen, was ich vorher zurückgewiesen habe, nämlich die Annahme von Sinnkriterien für unser Reden, die unabhängig von unserer argumentativ erreichten Klärung Geltung haben. Dieser Eindruck kann entstehen, weil wir nicht Rechenschaft davon gegeben haben, was es heißt, daß man in bestimmter Weise reden soll. Wir stellen fest, daß es so etwas wie Angemessenheit im Sprachgebrauch geben kann, wo von Sinnhaftem, i.e. von Handeln oder Produkten des Handelns die Rede ist: Der im Redegegenstand manifestierte Sinn schafft die Möglichkeit einer Angemessenheit unseres Redens, die bei Nicht-Sinnhaftem nicht gegeben ist. Wenn wir über von uns als nicht sinnhaft verstandene Natur reden, ist nichts am Gegenstand, dem wir gerecht werden könnten. Wenn wir über menschliches Handeln reden, besteht die Möglichkeit der Angemessenheit insofern, als dieses Handeln, wenn es sich tatsächlich um solches handelt, prinzipiell verstehbar ist.

Die Möglichkeit der Angemessenheit ist nicht schon auch eine Notwendigkeit: Wir können von etwas, das andere als sinnhaft verstehen, durchaus wie von Nicht-Sinnhaftem reden. Wir machen von dieser Freiheit regen Gebrauch, wenn wir von uns fremden Kulturen als von primitiven Gesellschaften reden und nicht bereit sind, das Tun der Menschen dieser Kulturen nach deren eigenen Begriffen verstehen zu lernen.[33] Ob wir faktisch bereit sind, dem in unserem

---

33 Eine interessante Überlegung in diesem Zusammenhang findet sich bei Winch in *Understanding a Primitive Society*. Winch versucht, unsere Welt aus der Sicht eines sog. Wilden darzu-

Gegenstand ausgedrückten Sinn in unserem Reden gerecht zu werden oder nicht, hängt von einer Vielzahl von Gründen ab. Wo dieser Sinn von für uns signifikanten Andern ausgeht, werden wir begierig sein, ihn zu erfassen. Wo er von Andern ausgeht, die wir für unbedeutend halten, die sich uns auch nicht bedeutend machen können, werden wir vielleicht nicht einmal bereit sein, diese Andern als Menschen, und damit prinzipiell als Gleiche, zu verstehen. Aber Notwendigkeit ist nicht erforderlich, damit die Frage nach der Angemessenheit unseres Redens gestellt werden kann. Es genügt die bloße Möglichkeit. Wir können uns eine Antwort ersparen. Es wird sich zeigen, was wir davon haben. Wir können - müssen zu Zeiten aus diesen und jenen Gründen - die Frage ernstnehmen: Dann wird ein Verweis auf den herrschenden Gebrauch nicht zufriedenstellen. Er wäre eine petitio principii. Andere Kriterien müssen herangezogen werden. Aber das bedeutet nicht, daß wir jetzt aus der Argumentation heraustreten müssen und uns an von uns unabhängigen Kriterien für sinnvollen Gebrauch in Frage stehender Ausdrücke zu orientieren haben: Was immer als angemessen betrachtet werden soll, muß in unserem Sprachspiel angemessen sein. Die Angemessenheit eines bestimmten Gebrauchs eines sprachlichen Ausdrucks ist, auch wenn dies zunächst nicht so scheinen mag, eine interne Angelegenheit unseres Sprachspiels.

Was heißt es, daß ein bestimmter Gebrauch eines Ausdrucks angemessen ist, ein anderer dagegen nicht? Wir haben bisher auf den im Redegegenstand manifestierten Sinn abgehoben. Diesem Sinn müssen wir in unserem Reden - immer vorausgesetzt, daß wir dazu bereit sind - im Rahmen unseres Sprachspiels gerecht werden. Was wir davon sagen, muß vermittelt sein mit dem, was wir sonst noch sagen, d.h. es muß angemessen sein im Zusammenhang der Regeln unseres Sprachspiels. Es muß in diesen Zusammenhang passen, denn nur darin kann es überhaupt von Bedeutung sein. Angemessen ist ein Reden, das uns für einen gegebenen Gegenstand unter Verweis auf die Regel unseres Sprachspiels nahegelegt werden kann. Betrachten wir

---

stellen. Dabei zeigt sich, daß wir für ihn ein ebenso unverständliches Bild abgeben wie er für uns. Siehe Winch, 1972, 8-49. Auch Tuiavii aus Tiavea, 1922, und Habermas, 1970, 95ff.

ein Beispiel: Ein Mann kommt von einem Urlaub aus Afrika zurück. Im Rahmen einer Safari in das Gebiet der Massai hatte er Gelegenheit, einige ihrer Tänze zu beobachten. Er erzählt: "Und dann sind die Wilden ganz verrückt herumgehüpft, haben mit allem gewakkelt, was wackeln konnte, und dabei sinnloses Zeug gegrölt." Jemand hält ihm entgegen, es sei nicht sinnvoll, so über die Tänze zu reden. Vielmehr hätte alles, was die Massai dabei tun, eine genaue Bedeutung in ihrem religiösen Leben. Damit behauptet er, daß ein anderes Reden angemessener sei. Was kann er tun, um diese Behauptung zu beweisen? Sein Wissen um die Sinnhaftigkeit der Tänze hat ihn wohl zu seiner Behauptung gebracht, aber er kann sich nicht einfach darauf berufen. Er muß, will er seine Redeweise als sinnvoll ausweisen, dem Afrikafahrer und eventuell weiteren Beteiligten zeigen, daß es für sie im Rahmen ihrer Sprache sinnvoll wäre, anders zu reden, sonst bleibt es bei dem bloßen Verdacht, daß anderes Reden sinnvoller wäre.

Ein Verdacht ist immer möglich und solang uninteressant, wie es nicht gelingt zu zeigen, warum ein gegebener Sprachgebrauch unangemessen ist. Was uns auf die Ausgangsfrage zurückverweist: Könnte es nicht sein, daß wir uns insgesamt in unserem Sprachgebrauch irren? Es könnte sein, jedoch solang wir alle übereinstimmen, haben wir nur den abstrakten Verdacht, und der ist uninteressant, solang wir nicht mehr vorbringen können. Wenn aber mehr gesagt werden kann, wie wir es in unserem Beispiel noch erwarten, ist bereits keine allgemeine Übereinstimmung mehr gegeben. Übereinstimmung ist erst wieder zu erreichen, und dies kann in eben der Weise geschehen, wie dies oben als argumentative Verständigung auf e i n e n Gebrauch dargestellt wurde. Im Fall des obigen Beispiels könnte das so geschehen, daß der Kritiker der Tanzbeschreibung seinen Gesprächspartner darauf hinweist, wie wir die Ausdrücke *Wilde*, *verrückt*, *herumhüpfen*, *wackeln*, *sinnloses Zeug*, *grölen* verwenden, indem er Beispiele zusammenstellt, die als paradigmatisch anerkannt werden, und dann versucht zu zeigen, warum diese Ausdrücke in der Schilderung des Afrikafahrers nicht richtig verwendet waren. Letzteres könnte er erreichen, indem er auf Implikationen hinweist, die solches Reden haben müßten, wenn diese Implikationen - vorausgesetzt sie werden anerkannt - derart wären, daß sie die Gesprächspartner sehen machen, daß eine Aufrechterhaltung der zuerst gemachten Behauptungen - dazu ist die Erzählung durch die Kritik geworden - sie unter Berücksichtigung ihres Sprachgebrauchs zu ihnen unangenehmen Konsequenzen führen müßte, etwa zu der Annahme, daß Massai keine vernunftbegabten Wesen seien oder dergleichen.

Ein Disput darüber, wie geredet werden s o l l , wird grundsätzlich genauso geführt, wie ein Disput darüber, wie geredet w i r d . Verschieden sind allenfalls die Einstellungen, die wir als Beteiligte oder Betroffene zu dem haben, was wir vorbringen: Wo wir beschreiben, sind wir nicht unbedingt daran interessiert, ob der fragliche Gebrauch im Zusammenhang des Spiels Sinn macht. Sprachspiele sind für gewöhnlich nicht so kohärent, daß eventuelle Ungereimtheiten, die sich einem bei intensiver Betrachtung ergeben könnten, notwendig auffallen. Wo wir klären wollen, wie geredet werden soll, achten wir gerade auf solche Ungereimtheiten und versuchen, einen Gebrauch für die betroffenen Ausdrücke zu finden, bei dem sie nicht auftreten. Die Darstellung eines solchen Gebrauchs ist dieselbe, wie im Fall der Beschreibung. Verschieden ist nur der Anspruch. In beiden Formen der Begriffsklärung gibt es ein Problem der Rechtfertigung des Beigebrachten. Und in beiden wird sie dadurch geleistet, daß die Rechtfertigung in Argumentation aufgehoben wird.

## 2.2 Zur Grammatik von *wahr* II (Von den Dingen, die wahr sein können).

Fragen wir nochmals: Was heißt es, daß etwas wahr bzw. falsch sein kann? Wie wirkt sich der Gebrauch, den wir von *wahr* machen,[34] auf unser Sprachspiel aus? Wovon sagen wir überhaupt, daß es wahr sein kann? Auf die letzte Frage möchte ich zuerst eingehen. Sie scheint einigermaßen nebensächlich, aber es zeigt sich, daß unsere Einschätzung dessen, was wahr sein kann, wesentlich dafür ist, wie die Behauptung, etwas sei wahr, zu verstehen ist: Handelt es sich um etwas, das nur in Verbindung mit unserer Sprache existiert, oder handelt es sich um Objekte, die unabhängig von unserer je bestimmten Sprache existieren und in unserer Sprache nur unter

---

34 Ich verzichte auf die - im wesentlichen analoge - Untersuchung des Gebrauchs von *falsch*.

syntaktischen Gesichtspunkten besonderen Ausdruck finden. Der Weg zu einer Antwort führt über eine Untersuchung des Gebrauchs von *wahr*. Von Interesse sind dabei solche Verwendungen von *wahr*, bei denen von etwas gesagt wird, daß es wahr ist. Ob dies zurecht gesagt wird, ist ohne Belang, solang es sich um etwas handelt, von dem gesagt werden könnte, daß es wahr bzw. falsch ist. Nicht von Interesse sind Verwendungen von *wahr*, in denen das Wahre selbst Gegenstand ist, von dem etwas gesagt wird. Solche Verwendungen zeigen nicht einen Gebrauch von *wahr*, sie sagen etwas über einen Gebrauch. *Wahr* wird dabei uneigentlich verwendet. Nicht daß solche Aussagen sinnlos wären oder gar notwendig falsch. Sie könnten durchaus Richtiges über den Gebrauch von *wahr* sagen, und ich hoffe selbst, in meiner Untersuchung zu solchen Aussagen zu kommen. Aber, was als Begriffsklärung zu leisten ist, kann nicht dadurch erreicht werden, daß man sagt, wie der Gebrauch ist, sondern dadurch, daß man Beispiele zusammenträgt, in denen sich ein Gebrauch zeigt. Aussagen über den Gebrauch sind wertlos, wenn sie nicht mit Beispielen belegt werden, in denen er sich zeigt. Sie können keinesfalls die Funktion dieser Beispiele übernehmen, weil sie immer nur sagen können, d a ß sich dies und jenes zeigt, nie w a s sich zeigt:[35] Wenn es sich jemand nicht zeigt, so ist die Aussage, d a ß sich dies und jenes zeigt, nicht geeignet, es ihn sehen zu machen.

Wir brauchen Beispiele, die geeignet sind zu zeigen, wovon wir sagen, es könne wahr sein. Zu diesem Zweck eine Liste von Beispielsätzen, in denen *wahr* zum Teil korrekt, zum Teil nicht korrekt verwendet wird:

(1) Das ist ein wahres Wort.
(2) Das ist der wahre Jakob.
(3) Das ist wahre Liebe.
(4) Davon ist kein Wort wahr.
(5) Daß er gelogen hat, ist wahr.
(6) Daß man nicht lügen darf, ist wahr.
(7) Daß zwei mal zwei vier ist, ist wahr.
(8) Was er gesagt hat, ist wahr.

---

35 Siehe hierzu Wittgenstein, 1922, § 4121 und § 4.1212.

(9) Was er behauptet hat, ist wahr.

(10) Was er gemeint hat, ist wahr.

(11) Was er glaubt, ist wahr.

(12) Was er gedacht hat, ist wahr.

(13) Dieser Satz ist wahr.

(14) Dieser Gedanke ist wahr.

(15) Diese Behauptung ist wahr.

(16) Diese Aussage ist wahr.

(17) Diese Proposition ist wahr.

(18) Dieses Urteil ist wahr.

(19) *Dieser Jakob ist wahr.

(20) *Diese Liebe ist wahr.

(21) *Diese Farbe ist wahr.

(22) *Ob er kommt, ist wahr.

(23) *Was er getan hat, ist wahr.

(24) *Gestern war es wahr, daß er gestorben ist, aber heute ist es wieder falsch.

Man kann zwei Gruppen unterscheiden: (1) - (3) und den Rest, entsprechend der syntaktischen Position von *wahr*. In (1) - (3) wird *wahr* attributiv gebraucht, sonst prädikativ. Da wir an dem prädikativen Gebrauch von *wahr* interessiert sind - wir wollen wissen, was zur Extension von *ist wahr* gehört - sind die Beispiele (1) - (3) nur von Interesse, wenn eine Paraphrasierung dieser Sätze möglich ist, in der *wahr* prädikativ verwendet wird.[36] Dies ist sicher nicht möglich im Fall von (2) und (3), was dadurch belegt wird, daß (19) und (20) abweichend sind. Im Fall von (1) bin ich unschlüssig. Wenn man

(25) Dieses Wort ist wahr.

---

36 Wo eine solche Paraphrase nicht möglich ist, d.h. wo eine entsprechende Umformung zu abweichenden Sätzen führt, liegt ein Gebrauch von *wahr* vor, der zwar völlig korrekt sein kann, im Zusammenhang dieser Untersuchung aber zu vernachlässigen ist, weil wir an einer Untersuchung des Gebrauchs von *wahr* nur soweit interessiert sind, wie dies zur Klärung des Beweisbegriffs erforderlich ist. Eine Beschränkung auf diese Aspekte des Gebrauchs von *wahr* könnte man etwa dadurch erreichen, daß man sie fragt, ob man von dem, was mit *wahr* qualifiziert wird, sagen könnte: "Ja das ist wahr." Ist dies nicht sinnvoll möglich, dann wurde mit dieser Verwendung von *wahr* nichts gesagt, was hier interessiert.

als korrekten Ausdruck unserer Sprache betrachtet, könnte man auf den Gedanken kommen, daß Wörter Objekte sind, die wahr sein können. Dies ist schwer verständlich. Man kann nicht sagen, was es heißen soll, daß ein Wort wahr ist, wenn *Wort* so gebraucht wird. Es gibt kein Wort, von dem es Sinn hätte, so etwas zu behaupten. Daraus können wir schließen, daß (25) entweder abweichend ist, und mithin keine positive Aussage darüber erlaubt, was wahr sein kann, oder aber, daß *Wort* in (25) anders zu verstehen ist, als wir unterstellt haben. Wenn wir letzteres annehmen, etwa daß *Wort* gebraucht wird wie *was gesagt wurde*, ist (25) nicht wesentlich verschieden von (8) und (9) und braucht uns nicht besonders zu interessieren. Von den restlichen Beispielsätzen sind zumindest (16), (17) und (18), wohl aber auch (13) im Alltag ungebräuchlich. Sie sind aber durchaus gebräuchlich in philosophischen Diskussionen. Am wenigsten problematisch sind (4) - (12) und (14), (15). Im Fall von (4) könnte man wieder auf den Gedanken kommen, daß Wörter wahr sein können, denn, wenn es sein kann, daß von etwas kein Wort wahr ist, dann sollte, wenn (4) nicht abweichend sein soll, denkbar sein, daß ein Wort davon wahr ist. Doch so reden wir nicht:

(26) *Davon ist das dritte Wort wahr.

Die Tatsache, daß (26) abweichend ist, scheint mir ein Indiz dafür, daß *Wort* in (4) in etwa so zu verstehen ist wie in (25) unter der positiven Interpretation. Wenn dies zutrifft, braucht uns (4) nicht weiter zu beschäftigen.

Aufschlußreich im Hinblick auf unser Problem scheinen die Beispiele (8) - (12). Über sie können wir schließen, daß wahr ist, was gesagt, behauptet, gemeint, geglaubt oder gedacht werden kann. Aber, was kann gesagt, behauptet, gemeint, geglaubt oder gedacht werden? Eine Antwort können wir über die Beispiele (5) - (7) finden: Es wird darauf Bezug genommen, daß einer gelogen hat, daß man nicht lügen darf, daß zwei mal zwei vier ist. Allgemein kann man sagen, daß auf etwas Bezug genommen wird, was der Fall sein kann. Was dies ist, wird in Sätzen der Art von (5) - (7) mehr oder weniger explizit gesagt. Der Unterschied zwischen Sätzen der Art von (5) - (7) und Sätzen der Art von (8) - (12) erklärt sich aus ihrer kommunikativen Funktion. Im Fall von (8) - (12) muß der Behauptung, wenn sie verständlich sein soll, in einem dem Adressaten überschaubaren Zusammenhang ein Akt des Sagens, Behauptens, allgemein die Kundgebung einer Absicht - wie anders als durch Kundgebung von Geglaubtem könnte man um Geglaubtes wissen? - vorausgegangen sein, so daß der Adressat nachvollziehen kann, worauf der Sprecher mit *was* ... Bezug nimmt. Im Fall von (5) - (7) müssen keine solchen Kontextbedingungen erfüllt sein, damit die Sätze verstanden werden können. Es ist allerdings darauf hinzuweisen, daß im allgemeinen die behauptende Verwendung eines Satzes der Art (5) Befremden auslösen wird, wenn nicht aus dem Zusammenhang, in dem die Äußerung eines solchen Satzes steht, klar wird, daß es in irgendeiner Weise strittig sein könnte, daß der Fall ist, was behauptet wird. Dieses Befremden ist kein Nicht-Verstehen. Was gesagt wird, kann klar genug sein.

Mit *daß er gelogen hat, daß man nicht lügen darf, daß zwei mal zwei vier ist* können wir ebenso wie mit *was* ... auf das Bezug nehmen, was wahr sein kann. Ein Unterschied besteht in den Bedingungen, die für die sinnvolle Verwendung des einen oder anderen Ausdrucks in einer Kommunikationssituation bestehen. Daß ein solcher Unterschied besteht, ist nicht verwunderlich. Er entspricht der alltäglichen Erfahrung, daß auf Gleiches in verschiedenen Situationen verschieden Bezug genommen werden kann, manchmal sogar muß. Für uns ist weniger der Unterschied zwischen *was* ... und *daß* ... von Interesse als, was im Vergleich von (5) - (7) mit (8) - (12) gezeigt werden kann. In (8) - (12) ist davon die Rede, daß etwas gesagt, behauptet, gemeint, geglaubt oder gedacht wurde. Es liegt nahe zu sagen, dieses Etwas sei die Aussage, die Behauptung, die Meinung, der Glaube, der Gedanke. Dem entspräche, daß (14), (15) und (16) nicht abweichend sind. Schwierigkeiten ergeben sich, weil unter dieser Annahme unklar bleiben müßte, was es heißt, daß etwas wahr ist. Aussagen, Behauptungen, Meinungen, Glauben und Gedanken sind nicht nur verschiedene Objekte. Sie haben verschiedene Existenzweisen. Das zeigt sich an folgenden Beispielen:

(27) Nach Aussage des Angeklagten vom 3.6.73, $11^{45h}$, war derselbe zum Zeitpunkt der Tat stark betrunken.

(28) Nach Meinung des Angeklagten vom 3.6.73, $11^{45h}$, war derselbe zum Zeitpunkt der Tat stark betrunken.

Die angesprochene Schwierigkeit rührt davon her, daß nicht geklärt ist, wie *Aussage*, *Behauptung*, *Meinung*, *Glaube* und *Gedanke* hier verwendet wird. Wir könnten z.B. mit *Behauptung* Verschiedenes meinen:

(i) das, was behauptet worden ist
(ii) den Akt des Behauptens (nomen actionis)
(iii) den vollendeten Akt des Behauptens (nomen acti)

(i) ist gemeint in Sätzen wie:

(29) Diese Behauptung ist rein hypothetisch, Sie können das nicht aufrechterhalten.

(ii) ist gemeint in Sätzen wie:

(30) Bei der Behauptung von Unwahrheiten habe ich ein ungutes Gefühl.

(iii) ist gemeint in Sätzen wie:

(31) Die Behauptung, er sei ein falscher Fünfziger, hat Dich in eine mißliche Lage gebracht.

Wenn wir diese drei Verwendungsmöglichkeiten von *Behauptung* im Hinblick darauf untersuchen, ob es Sinn hat zu sagen, daß eine Behauptung wahr bzw. falsch sein kann, scheidet (ii) sicher aus. Der Akt des Behauptens ist eine Kundgebung von etwas, das als wahr ausgegeben wird. Diese Kundgebung kann gelungen sein oder nicht, aber nie wahr. Wahr bzw. falsch ist, wenn wir von (9) ausgehen, was behauptet wird, nicht das Behaupten. Von (9) können wir ausgehen, weil wir in (i) eine Lesart von *Behauptung* haben, die erlaubt, auf einen einheitlichen Sinn von *wahr* zu schließen. In Fall (iii) bin ich nicht sicher, ob es gerechtfertigt ist zu sagen, daß eine Prädizierung von *wahr* auszuschließen ist. Man kann - von (9) her argumentierend - (iii) als Lesart von *Behauptung* in (15) zurückweisen, wozu ich neige. Es ist aber möglich, daß in (15) *wahr* anders verstanden werden kann als in (9). Das Prädikat *ist wahr* könnte interpretiert werden als *ist zulässig*, *ist rechtens*. (15) könnte in diesem Sinn verstanden werden als ein Urteil über die Handlung des Behauptens, in der Art der Urteile, die Schiedsrichter über die Rechtmäßigkeit von Spielzügen abgeben. Die Interpretationsmöglichkeiten im Fall von (15) bringen keine allzugroßen Schwierigkeiten, da beide eng zusammenhängen. Ist mit *Be-*

*hauptung* das Behauptete gemeint, dann ist mit *ist wahr* Wahr-Sein gemeint. Ist mit *Behauptung* der vollendete Akt des Behauptens gemeint, muß mit *ist wahr* eine Qualität des Aktes gemeint sein. Dabei besitzt Wahr-Behaupten eine moralische Dimension, die beim Wahr-Seins nicht auftritt. Was wahr i s t , ist weder gut noch böse. Daß etwas wahr behauptet wird, ist eine grundlegende Forderung an die Spieler im Sprachspiel, weil, was behauptet wird, immer a l s wahr behauptet wird, so daß, wenn der Anspruch, daß es wahr ist, zu unrecht besteht, ein Täuschungsversuch vorliegt.

Auf genaue Untersuchung des Wahr-Behauptens muß zunächst verzichtet werden. Es interessiert das Wahr-Sein. Am Beispiel des Behauptens zeigt sich, daß, was immer wahr sein kann, wahr oder falsch ist unabhängig davon, ob es behauptet wird. Gleiches ließe sich bei Meinen, Glauben und Denken zeigen. Es kann nicht sein, daß zwei Leute dieselbe Behauptung im Sinn von (iii) machen. Behauptungen als Akte sind einmalig in Raum und Zeit. Das Behauptete ist zeitlos.[37] Aus diesem Grund ist (24) abweichend. Zeit kommt ins Spiel durch die Kommentare, die wir zu Behauptetem, Geglaubtem, Gedachtem abgeben, wenn wir etwa sagen, es sei wahr, daß einer gelogen hat. Die Kommentierung dessen, was wahr bzw. falsch ist, ist wieder eine Handlung, und damit in Raum und Zeit.

Wir wissen manches über das, was wahr sein kann. Wir wissen, daß es behauptet, gemeint, geglaubt, gedacht usw. werden kann, daß es aber unabhängig davon ist - dies ist die Lehre von (5) - (7). Wir wissen, daß es keine Farbe ist - siehe (21) -, keine Handlung - siehe (23). Aber diese negative Abgrenzung stellt nicht zufrieden. Wir wissen immer noch nicht, w a s es ist. Wozu wollen wir das wissen? Was wir wissen, ist klar genug. Wir können auf jede Frage, was wahr ist, antworten. Denn antworten, daß es wahr ist, daß dies und dies der Fall ist, bzw. nicht der Fall ist, ist Antwort genug auch auf die allgemeine Frage danach, welcher Art Objekte wahr sein können. Es ist die allgmeine Form einer Antwort auf Fragen dieser Art. Vielleicht sollte man jemand, der nicht auf den Gedanken gekommen ist, zu fragen, was es "eigentlich"

---

37 Zeitlos soll nicht heißen: für alle Ewigkeit bestehend. Zeit kommt hier als Kategorie nicht in Frage.

ist, das wahr sein kann, und der nicht ungefragt mit solchen Fragen behelligt wurde, nicht erst mit dieser Problematik in Berührung bringen. Aber für uns sind die Probleme da. Sie sind da in der wissenschaftlichen Diskussion. Mißverständliche Ansichten werden Verwirrung stiften, solang diese Probleme nicht gelöst sind.

## 2.3 Sätze und Propositionen

Wahr oder falsch ist, was behauptet, vermutet, gemeint, gedacht, geglaubt u.ä. werden kann. Aber was kann behauptet werden? Als Antworten bieten sich - entsprechend (13) - (18) aus 2.2 - an:

(1) Sätze können behauptet werden.
(2) Gedanken können behauptet werden.
(3) Behauptungen können behauptet werden.
(4) Aussagen können behauptet werden.
(5) Propositionen können behauptet werden.
(6) Urteile können behauptet werden.

Keiner der aufgeführten Ausdrücke hat als Bezeichnung für das Behauptete öffentlichen Gebrauch.[38] (1) - (6) könnte man verstehen als Definitionen, als Vorschlag zur Einführung neuer Konventionen. Dabei wäre eine Definition so gut wie die andere. Man könnte allenfalls gegen bestimmte Definitionen Bedenken anmelden, weil sie zu Mißverständnissen führen könnten, da Ausdrücke wie *Satz*, *Gedanke*, *Urteil* usw. einen öffentlichen Gebrauch haben. Der einzige Ausdruck von allen vorgeschlagenen, der im Deutschen keinen öffentlichen Gebrauch hat, ist *Proposition*. Ich wähle diesen Ausdruck, um zu bezeichnen, was wahr oder falsch sein kann. Definitionen besitzen keinen Erklärungswert. Wenn ich sage, was wahr oder falsch ist, sind Propositionen, habe ich nichts Neues gefunden, nichts erklärt.

---

38 Als öffentlichen Gebrauch verstehe ich eine Verwendungsweise, die sich im Sprachgebrauch der Öffentlichkeit einer Sprachgemeinschaft zeigt. Antonym zu *öffentlich* ist *privat*. Von privatem Gebrauch eines sprachlichen Ausdrucks kann man sprechen, wenn ein Spachteilhaber, etwa auf der Grundlage einer unausgesprochenen Definition, einen Ausdruck in einer Weise verwendet, der in der Öffentlichkeit der Sprachgemeinschaft, der er zugehört, nicht bekannt ist oder nicht mitgemacht wird. Der Unterschied zwischen öffentlichem Gebrauch und privatem Gebrauch ist fließend.

Dies anzumerken, ist wichtig: Ich möchte vermeiden, durch die Wahl dieser Konvention mit all dem in Verbindung gebracht zu werden, was bis heute über Propositionen gesagt wurde.

Andere haben Sätze der Art von (1) - (6) nicht zu Definitionen verwendet, sondern damit etwas behaupten wollen. Man hat etwa behauptet, daß Sätze wahr oder falsch sind. Nun ist nicht ganz klar, was mit *Satz* gemeint ist. Man kann verschiedenes damit meinen, aber aus den Problemen, die sich jenen Leuten ergeben haben, kann man darauf schließen, was sie, ob sie wollten oder nicht, meinen mußten. Zunächst, und das wird durchaus explizit erklärt, sind unter *Satz* nur sogenannte Aussagensätze zu verstehen. Was damit gemeint ist, soll durch syntaktische Kriterien bestimmt werden. Die syntaktischen Kriterien sind jedoch so weit, daß sie Sätze zulassen, von denen man in keinem Fall sagen kann, sie seien wahr bzw. falsch, weil sie ihren sogenannten Wahrheitswert mit Ort und Zeit ihrer Verwendung in Gedanken und Behauptungen ändern können. Ein Beispiel:

(7) Michel hat keinen Appetit.

Selbst wenn wir davon ausgehen, daß geklärt ist, wer im Fall einer behauptenden Verwendung von (7) mit *Michel* gemeint ist, könnten wir keine Angaben darüber machen, welchen Wahrheitswert (7) hat: Michel kann mal Appetit haben, mal auch nicht. Daß aber der gleiche Gegenstand wahr und falsch sein soll, können wir nicht zulassen. Die Tatsache, daß Sätze der Art von (7) für Vertreter der Ansicht, Sätze seien wahr bzw. falsch, zum Problem geworden sind, erlaubt darauf zu schließen, daß sie *Satz* als Satztyp (sentence type) verstanden haben.[39] Wird *Satz* so verstanden, hat es keinen Sinn zu sagen, Sätze seien wahr bzw. falsch. Sätze sind Objekte zu bestimmtem Gebrauch. Die Bedeutung von Satztypen - wenn man in diesem Zusammenhang von Bedeutung reden will - liegt in ihrer Verwendbarkeit in Sprechakten. Sätze sind wie Werkzeuge: Man verwendet einen Hammer, um einen Nagel einzuschlagen, einen Satz z.B. dazu, um eine Behauptung zu machen. Der Hammer ist nicht der eingeschlagene Nagel, der Satz nicht, was behauptet worden ist.

---

39 Siehe hierzu Strawson *Meaning and Truth* in Strawson, 1971, 170-189.

Wären es Sätze, die wahr bzw. falsch sind, müßten wir annehmen, daß sie sind, was behauptet, gemeint, vermutet, geglaubt, gedacht wird. Es sind aber nicht Sätze, mit denen dies geschehen kann, auch wenn dies oft angenommen wird.[40] Prior hat dies so ausgedrückt:[41]

> It seems clear, nevertheless, that we can say the same thing by uttering different sentences, and that in telling someone what somebody said (e.g. that he said that grass is green) we do not *ipso facto* tell him what sentence he uttered, but only tell him something which perhaps entails that he uttered a sentence. It is at all events clear as regards *thinking* that even if we do always think *in* sentences, we do not think sentences.

Wollten wir annehmen, daß Sätze behauptet werden, wären wir gezwungen, etwas anderes unter *das Gleiche behaupten* zu verstehen, als wir dies unserem Sprachgebrauch entsprechend tun. Wir müßten z.B. sagen, daß zwei Personen, die beide

(8) Ich habe meiner Großmutter einen roten Sportwagen gekauft.

behauptend verwenden, das gleiche behauptet haben. Umgekehrt wäre es falsch zu sagen, daß zwei Personen, sagen wir Kalle und Jockel, das gleiche behaupten können, wenn Kalle sagt

(9) Ich hab kalte Füße.

und Jockel

(10) Der Kalle hat kalte Füße.

(9) und (10) sind offensichtlich verschieden. Es hilft nicht weiter, wenn man versucht, (9) und (10) als äquivalente Sätze auszu-

---

40 Es ist zu bemerken, daß nicht in jedem Fall, in dem *Satz* verwendet wird damit *Satztyp* gemeint ist. So spricht z.B. Wittgenstein im *Tractatus*, auch in anderen Schriften, von Sätzen oft in dem Sinn, wie hier *Proposition* verwendet wird, was sich auch in der englischen Übersetzung seiner Schriften niederschlug, wo Satz mit *proposition* wiedergegeben wird. Wenn *Satz* so verwendet wird, können wir durchaus davon sprechen, daß Sätze behauptet werden. Wir müssen uns aber darüber im Klaren sein, welche Konsequenzen dies für den Gebrauch von *Satz* haben muß: Wir können nicht mehr sagen, daß Sätze verwendet werden. Was behauptet wird, kann nicht auch verwendet werden. Sowenig wie etwa die Tore, die man bei einem Fußballspiel erzielt, verwendet werden können.

41 Prior, 1971, 14.

geben, so daß über die Äquivalenzrelation eine Gleichheit des Behaupteten konstruiert werden könnte. (9) und (10) sind nicht äquivalent, wenn dies heißen soll - was sonst könnte Äquivalenz bei Sätzen heißen - daß, wann immer der eine Satz zurecht behauptet werden kann, auch der andere zurecht behauptet werden kann, und vice versa. Eine Welt, in der (9) und (10) in dieser Weise als äquivalent betrachtet werden könnten, wäre für unsere Begriffe sehr eigenartig: Immer wenn Kalle kalte Füße hätte, hätten auch alle übrigen Personen kalte Füße, da sie alle (10) und (9) zurecht behaupten könnten.

Viele Vertreter der Ansicht, daß Sätze wahr bzw. falsch seien - unter ihnen Quine -, waren sich dieser Schwierigkeiten bewußt. Es wäre unfair, ihnen Naivität zu unterstellen, da Sätze doch so offensichtlich keine Wahrheitswerte haben können. Sie haben versucht, diese Schwierigkeiten zu umgehen, indem sie die Menge der Sätze, die als wahr bzw. als falsch betrachtet werden, einschränkten auf sogenannte "ewige Sätze" (eternal sentences).[42] Unter ewigen Sätzen verstehen sie Sätze, die ein für alle Mal einen bestimmten Wahrheitswert haben sollen, die immer nur zu wahren bzw. immer nur falschen Behauptungen verwendet werden können. Beispiele solcher ewigen Sätze könnten sein:

(11) Entweder ist Gras grün, oder Gras ist nicht grün.

(12) Das Kind ist krank, und es ist nicht krank.

(11), sagt man, sei eine Tautologie, und damit notwendig wahr, (12) eine Contradictio, und damit notwendig falsch, vorausgesetzt, daß sich die Sprache, der beide Sätze angehören, nicht ändert.[43] Sogenannte ewige Sätze unterscheiden sich von den übrigen Aussagesätzen dadurch, daß sie ohne Rekurs auf Bedingungen ihrer praktischen Verwendung als wahr oder falsch erkannt werden können. Sie sind, wie man meint, so beschaffen, daß sie nur dazu verwendet werden können, ein und dasselbe zu behaupten, meinen, denken usw.

---

42 Siehe dazu Quine, 1970, 13.

43 Quine führt diese Bedingungen ein, um dem Einwand zu begegnen, ein Satz, den wir als tautologisch betrachten, könne seine Bedeutung im Lauf der Zeit so ändern, daß ein und dieselbe Ausdrucksform auf einmal nicht mehr tautologisch wäre. Siehe dazu Quine op. cit., 14.

Diese Annahme ist verständlich in Anbetracht der Rigidität, die Logiker im Umgang mit Sprachen an den Tag legen, jedoch nicht aufrechtzuerhalten. So werden diese Sätze nicht verwendet. Eine solche Verwendung würde den Grundprinzipien sprachlichen Handelns zuwiderlaufen, die eine Behauptung von trivialen Wahrheiten bzw. Falschheiten nicht zulassen. Nicht daß derartige Sätze keinen sinnvollen Gebrauch in unserem Sprachspiel haben können, doch wenn sie verwendet werden, dann nicht um eine Tautologie oder eine Contradictio zu behaupten. Jemand, der dies im Sinn hätte, würde riskieren, sich Sanktionen auszusetzen, weil sich die anderen hereingelegt oder für dumm verkauft vorkämen. Strawson hat gezeigt, daß wir, wenn jemand einen Satz äußert, der scheinbar nur zu einer widersprüchlichen Behauptung verwendet werden kann, sofort versuchen, eine sinnvolle Interpretation für diese Handlung zu finden, und, wo dies nicht gelingt, eben fragen: "Was meinst du?"[44] Tautologisch oder kontradiktorisch sind solche Sätze allenfalls in Logik- oder Grammatikkursen zu verwenden, in denen an ihnen Eigenschaften unserer Sprache expliziert werden sollen.

Sieht man davon ab, daß im Fall der ewigen Sätze eine unzureichende Bedeutungsanalyse vorgenommen wird, bleibt das Problem, daß bei solcher Betrachtungsweise gerade jene Sätze einer Untersuchung entzogen werden, die im Alltag von Interesse sind, wie etwa (9) und (10). Unser Interesse an Wahrheitstheorien ist daher motiviert, daß wir Kriterien für die Bewertung von Behauptungen suchen, die unter Verwendung solcher Sätze gemacht werden. Dieses Interesse wird von mathematisch orientierten Logikern nicht geteilt, weil sogenannte empirische Sätze für eine Grundlegung der Mathematik und allgemein für die Logik von geringem Interesse sind. Der Punkt ist, daß der Wahrheitsbegriff der Logik, wie er vor allem von Tarski herausgearbeitet wurde,[45] solang nicht von Interesse ist, wie er nicht auf Entscheidungen über empirische Aussagen anzuwenden ist. *Wahrheit* wird in logischen Theorien anders gebraucht, als wir dies umgangssprachlich tun. Wie dieser Ausdruck dort gebraucht wird, mag aufgrund exakter Definitionen klar sein, aber gerade, weil es sich dabei um Definitionen handelt, verlieren diese Unter-

---

44 Siehe Strawson, 1952, 5ff.
45 Siehe etwa Tarski, 1936.

suchungen über Wahrheit für uns an Interesse.

Entscheidungen über die Wahrheit von Tatsachenbehauptungen sind möglich: Wir praktizieren dies jeden Tag. Zu fordern ist eine wissenschaftliche Analyse solcher Entscheidungen. Voraussetzung dafür, daß eine derartige Analyse von praktischem Interesse sein kann, ist, daß sie empirische Sätze berücksichtigt. Quine und andere haben deshalb versucht, den Bereich der Sätze, für die ein Wahrheitswert angenommen werden soll, auf solche Sätze auszuweiten. An ihrem Vorgehen zeigt sich, daß die These, Sätze im Sinn von Satztypen seien wahr bzw. falsch, nicht haltbar ist. Es gelingt nach wie vor nicht, für Sätze der Art von (9) einen Wahrheitswert zu bestimmen. Stattdessen sollen diese Sätze durch andere Sätze ersetzt werden, die dann wahr bzw. falsch sein sollen Bei der Formulierung von Bedingungen für richtige Substitution wird Gebrauch gemacht von Beschreibungen der Situationen, in denen Sätze wie (9) verwendet werden können. Der Vorgang: Man ersetzt (9) etwa durch

(13) Kalle hat am 14.4.1967 um $15^{45}$ in Heidelberg-Rohrbach, Panoramastr. 58, dritter Stock, zweites Zimmer links, kalte Füße.

Solche Substitutionen haben sicher Fehler. Ich habe mich nicht bemüht, wenigstens diejenigen zu vermeiden, die Könner auf diesem Gebiet vermeiden würden. Im Augenblick braucht nur zu interessieren, welchen Status man ihnen zuschreiben muß. Dazu ist zu sagen, daß sie nicht auf Sätze qua Satztypen, sondern nur auf behauptend verwendete Sätze - bei Quine heißen sie sentence tokens[46] - anzuwenden sind. Nur wenn (9) unter Bedingungen geäußert wurde, die den Angaben in (13) entsprechen, kann gesagt werden, daß Kalle, indem er (9) äußerte, behauptet haben kann, daß der Fall ist, was mit (13) behauptet werden kann. Der Unterschied zwischen (9) und (13): Wer (13) gesagt bekommt, muß weniger als im Fall von (9) von der Situation wissen, in der dieser Satz verwendet wurde, um zu verstehen, was behauptet worden ist. Die Idee ist, zur Substitution Sätze zu verwenden, die kontextfrei sind in Bezug auf die Bedingungen ihrer Äußerung, derart, daß jedermann jederzeit und

---

46 Quine op. cit., 13.

allerorts verstehen kann, was damit behauptet worden ist.[47] Man versucht, auf diese Weise zu erreichen, daß, was behauptet worden ist, eindeutig einem bestimmten Satz zugeordnet werden kann. Von den entsprechenden Sätzen könnte man sagen, daß sie wahr oder falsch sind. Es wäre eine façon de parler, um auszudrücken, daß wahr bzw. falsch ist, was behauptet wurde. Wenn dies immer gesagt werden könnte, dann könnte ebensogut gesagt werden, daß die entsprechenden Satztypen wahr bzw. falsch sind.

Vertreter der Ansicht, daß Sätze wahr bzw. falsch sind, könnten sich darauf zurückziehen, daß nicht alles, was Aussagesatz genannt wird, einen Wahrheitswert habe, was aber nicht weiters schlimm sei, da die verbleibende Menge von wahrheitsdefiniten Sätzen ausreiche, alles zu behaupten, was man zu behaupten wünsche. Dies ist nicht zutreffend. Mag sein, daß man - vorausgesetzt, die angestrebte Abbildung ist durchführbar - in diesen Sätzen alles beschreiben könnte, was in unserem Sprachspiel behauptet werden kann, und zwar, entsprechend der Voraussetzung, in einem Höchstmaß an Präzision, das keine Zweifel darüber aufkommen ließe, was behauptet worden ist. Sicher kann man jedoch damit nicht alles behaupten, was man will. Bar-Hillel hat darauf in *Indexical Expressions* hingewiesen.[48] Wir können nicht sinnvoll kommunizieren, wenn wir auf den Gebrauch von Indexausdrücken verzichten müssen: Ich könnte nicht in ein Restaurant gehen, in dem ich nicht bekannt bin, und mir etwas zu essen bestellen, weil ich, statt sagen zu können:

(14) Bitte bringen Sie mir ein Châteaubriand.

etwa sagen müßte:

(15) Der Kellner, der sich einen Meter nördlich von Bruno Strecker befindet, soll diesem ein Châteaubriand bringen.

Der Kellner, der nicht weiß, wer Bruno Strecker ist, wird wohl verstehen, daß ein Kellner einem gewissen Bruno Strecker ein Châteaubriand bringen soll, aber er wird nicht wissen, daß er dieser Kell-

---

47 Vorausgesetzt, daß er die Sprache, zu der diese Sätze gehören, beherrscht.

48 Siehe Bar-Hillel, 1954.

ner ist und mir das Essen bringen soll.[49]

Man sieht: Auch scheinbar kontextfreie Sätze sind in ihrer Verwendbarkeit auf Kontexte beschränkt und unterscheiden sich nicht prinzipiell von anderen sprachlichen Ausdrücken, die wir in geeigneten Kontexten dazu verwenden können, etwas zu behaupten. Dies braucht niemand zu verwundern: Warum sollte es einen Ausdruck geben, der als Repräsentationsform für die Proposition privilegiert ist? Alle Ausdrücke, die uns hierzu zur Verfügung stehen, sind richtig verwendet, klar genug. Alle verweisen oder zeigen auf die Proposition, die zum Ausdruck gebracht werden soll. Besser: Wir verweisen mit ihnen auf die Proposition. Wenn wir dies tun, befinden wir uns in einer bestimmten kommunikativen Situation. W i e wir zeigen, ist abhängig von dieser Position, die eindeutige Zuordnung des Behaupteten zu einem der in Frage kommenden Ausdrücke, etwa derart, daß man diese Ausdrucksform als den anderen e i g e n t l i c h zugrundeliegend betrachtet, hat als stillschweigende Voraussetzung, daß es möglich ist, von jeder Situation im kommunikativen Kontext zu abstrahieren. Ein solches Unterfangen ist vergleichbar dem Versuch eines Malers, eine Blume zu malen, ohne sie aus einer Perspektive zu malen. Wir brauchen uns nicht darüber aufzuhalten, daß dies prinzipiell unmöglich ist.[50]

Der Vergleich mit der malerischen Darstellung einer Blume kann noch weiter genutzt werden. Wir können daran zeigen, was an Quines - er sei hier stellvertretend genannt - Ansicht so verführerisch ist: Zwar gibt es nicht d i e Darstellung einer Blume, aber es gibt standardisierte Darstellungsweisen von Blumen, etwa in der Botanik, die so verwendet werden, als seien sie die ausgezeichnete Darstellung, die in reiner Form das Wesentliche der Blume wiedergibt. Ähnlich verhält es sich mit Sätzen, die wir verwenden, um Propositionen zum Ausdruck zu bringen. Die - scheinbar - indexfreien Sätze, die Quine als eindeutige Repräsentation dessen, was be-

---

49 Eine ausführliche Darstellung dieser Problematik, keine Theorie, aber eine Demonstration der Bedeutung von Indexausdrücken, habe ich an anderer Stelle gegeben. Siehe Homberger/Wippich, 1975.

50 Was hier angesprochen wird, ist die altbekannte Frage nach dem Ding an sich. Ich habe dem, was hierzu im Anschluß an Kants Kritik der reinen Vernunft vorgebracht wurde, nichts hinzuzufügen.

hauptet werden soll, betrachtet, von denen er sogar sagen würde, daß sie behauptet werden, spielen in der logisch-philosophisch-grammatischen Diskussion eine ausgezeichnete Rolle. Dies ist darauf zurückzuführen, daß in solchen Diskussionen meist aus der fiktiven Position eines unbeteiligten Beobachters über Propositionen geredet wird, ohne daß ein konkreter Anlaß im Handlungskontext dafür gegeben war, daß gerade diese oder jene Behauptung gemacht wurde. Diese Kommunikationssituation bedingt, daß Sätze, die dabei Verwendung finden, möglichst wenig sogenannte Indexausdrücke enthalten dürfen, damit klar werden kann, was gemeint ist. Die scheinbare Kontextfreiheit dieser Sätze und die Tatsache, daß wir uns, wenn wir uns mit Fragen wie jener beschäftigen, die hier ansteht, genau in einer solchen Kommunikationssituation befinden, haben zur Folge, daß wir solche Sätze als ausgezeichnet betrachten. Aber standardisierte Bilder, so nützlich sie zu vielem sein mögen, sind auch Bilder, und Sätze, wie immer sie aussehen, bleiben Sätze und sind als solche weder wahr noch falsch.

Wir haben so getan, als bestünde die Möglichkeit, kontextfreie, i.e. indexfreie Sätze zu finden. Diese Möglichkeit besteht nicht. Sie besteht nicht in unserer Sprache, in unserem Sprachspiel. Sie könnte bestehen, wenn es in unserem Sprachspiel ein absolutes Maß für die Präzision von Aussagen gäbe, aber das ist, wie leicht gezeigt werden kann, nicht der Fall. Es zeigt sich etwa an Satz (13). Man kann sich Situationen denken, in denen, was mit (13) zum Ausdruck gebracht werden kann, mal wahr, mal falsch ist: Das besagte Haus könnte zwei Treppenaufgänge haben, so daß es zwei verschiedene zweite Zimmer links im dritten Stock gäbe.

Kontextfreiheit wird konstruiert in Bezug auf ein System vorab festgelegter Referenzmöglichkeiten, das mit einiger Wahrscheinlichkeit für einen längeren Kommunikationszusammenhang als konstant betrachtet werden kann. Ein Beispiel: Angenommen, ich will hier und heute behaupten, daß die Sonne scheint, und sage, um meine Behauptung halbwegs kontextfrei zu machen:

(16) Am 21.6.1973 scheint in Dettenhausen (Postleitzahl 7405), Waldenbucherstraße 56, die Sonne.

Wir wollen festlegen, daß meine Behauptung als wahr betrachtet werden soll, wenn an diesem Tag wenigstens einmal für zehn Sekunden die Sonne scheint. Dann sollte ein für alle Mal für jeden, der Deutsch kann, klar sein, was ich behauptet habe. Nehmen wir weiterhin an, daß nächstes Jahr festgestellt wird, daß irgendwann im Mittelalter unser Kalender um zwanzig Tage vorgerückt wurde, und deshalb von Regierung und Parlament beschlossen wird, alle Kalenderdaten künftig um zwanzig Tage zurückzudatieren, so daß der 21.6.1973 hinfort der 1.6.1973 wäre. Wenn nun jemand meine Behauptung zu einem Zeitpunkt nach dieser Kalenderkorrektur zu Gesicht bekäme und nicht wüßte, wann ich sie gemacht habe, wäre er prinzipiell nicht besser dran als einer, der dies vor sich hätte:[51]

(17) Heute scheint die Sonne.

Es wäre nicht eindeutig, was behauptet worden ist, obwohl natürlich das, was behauptet wurde, vollkommen eindeutig ist. Es gibt keine zwei- oder mehrdeutigen Propositionen.

Der Unterschied zwischen (16) und (17) liegt unter anderem in der Dauer der Geltung bestimmter Referenzmöglichkeiten.[52] Wenn ich jetzt (17) behauptend verwende, ist klar, welchen Tag ich gemeint habe. Nach 24⁰⁰ Uhr muß ich einen neuen Ausdruck wählen, um dasselbe zu behaupten. Wenn ich sage *am 21.6.1973* anstelle von *heute*, dann ist dies solang klar, bis der Kalender geändert wird. Und, daß er geändert werden könnte, wird niemand bestreiten wollen. Eine Änderung des Kalenders wäre keine Änderung der Sprache. Es würde dabei lediglich eine Verschiebung des Koordinatensystems vorgenommen, das unseren Aussagen zugrunde liegt. Niemand müßte deshalb den Gebrauch auch nur eines einzigen sprachlichen Ausdrucks neu lernen. Wenn wir annehmen würden, daß es sich dabei um eine Änderung der Sprache handelt, müßten wir auch annehmen, daß sich die Sprache, die wir sprechen, mit jedem Tag und mit jeder Ortsveränderung ändert, weil dann Ausdrücke wie *heute*, *hier*, *da*, *dort* usw. immer verschieden gebraucht würden.

---

51 Wenn ich anstelle von (16) geschrieben hätte: "Heute am 21.6. 1973 ..." hätte er sogar gerade, w e i l der Satz einen Indexausdruck enthalten würde, die Möglichkeit, richtig zu verstehen, so wie das Beispiel konstruiert ist.

52 Nicht nur in der Dauer: *heute*, vorausgesetzt, es wurde korrekt verwendet, besagt zudem, daß der in Frage stehende Akt an eben dem Tag durchgeführt wurde, auf den man sich mit *heute* bezieht.

Es soll nicht gesagt werden, daß Sätze der Art von (16) in der täglichen Praxis der Sprecher keinen sinnvollen Gebrauch haben. Der Kalender wird nicht jeden Tag geändert, und auch die Deutsche Bundespost ändert die Postleitzahlen nicht allzu häufig, so daß man davon ausgehen kann, daß ein Satz wie (16) auf absehbare Zeit verständlich bleibt. Es soll lediglich darauf hingewiesen werden, daß es im strengen Sinn keine indexfreien Sätze gibt und geben kann, was zur Folge hat, daß es keine nicht-trivialen Sätze mit ewig konstanten Wahrheitswerten geben kann. Gerade Linguisten, die so findig sind, wenn es darum geht, Ambiguitäten aufzuspüren, müßten sehen, daß es immer möglich ist, zu einem scheinbar eindeutigen Satz eine alternative Interpretation zu finden. Das Problem der ewigen Sätze reduziert sich auf eine Frage der Phantasie.

Ein wesentlicher Aspekt der Argumentation Quines ist, daß er sich gegen die Annahme von Propositionen wendet. Selbst wenn wir seine Annahme, daß Sätze wahr bzw. falsch sind, zurückweisen, kann es von Interesse sein zu untersuchen, aus welchen Gründen Quine sich gegen eine Annahme von Propositionen ausspricht. Wenn es sich nicht um eine Marotte handelt, dürften seine Gründe darin liegen, daß, was von manchen als Proposition ausgegeben wird, Eigenschaften hat, die von weitreichender Konsequenz für unser Weltverständnis sein müssen. Was ist eine Proposition? Wie wird *Proposition* verwendet? Bevor wir darauf eingehen, soll dargestellt werden, was man traditionell unter Propositionen verstanden hat. Es soll kein historischer Überblick über die Verwendungsgeschichte von *Proposition* gegeben werden. Andere haben sich darum bemüht.[53] Ich halte mich im folgenden an die Darstellung, die Cohen und Nagel von Propositionen gegeben haben.[54] Was sie sagen, ist für viele repräsentativ, doch haben sie sich mehr Mühe als andere gemacht zu explizieren, was sie unter Propositionen verstehen wollen. Hierzu einige Zitate:

(i) A proposition may be defined as anything which can be said to be true or false. (p.27)

(ii) A proposition is not the same thing as the sentence which states it. The three sentences, "I think, therefore I am",

---

53 Siehe hierzu etwa Nuchelmans, 1973.

54 Siehe Cohen/Nagel, 1963, 27ff.

"Je pense, donc je suis", "Cogito ergo sum", all state the same proposition. (p.27)

(iii) It should be noted, however, that while the proposition must not be confused with the symbols which state it, no proposition can be e x p r e s s e d or c o n v e y e d without symbols. The structure of the proposition must, therefore, be expressed and communicated by an appropriate structure of the symbols, so that not every combination of symbols can convey a proposition (p.27)

(iv) Propositions are often confounded with the mental acts required to think them. This confusion is fostered by calling propositions "judgements", for the latter is an ambigious term, sometimes denoting the mental act of judging, and sometimes referring to that which is judged. (p.28)

(v) While a proposition is defined as that which is true or false, it does not mean that we must k n o w which of these alternatives is the case. C a n c e r i s p r e v e n t a b l e is a proposition, though we do not know whether it is true. (p.29)

In (i) wird *proposition* eingeführt durch Definition. Definitionen haben keinen Erkenntniswert. Sie bieten aber auch der Kritik keinen Angriffspunkt. Wenn etwas behauptet wird, dann dies:

(18) Was wahr oder falsch sein kann, ist, was wahr oder falsch sein kann.

Das ist trivialerweise wahr.

Da Cohen und Nagel keine genauere Bestimmung dessen geben können, was eine Proposition i s t , verlegen sie sich darauf zu zeigen, was eine Proposition nicht ist. Sie verweisen darauf, daß Propositionen weder Sätze noch Urteile - im Sinn von Denkhandlungen - sind. Dagegen ist nichts einzuwenden. Aber ihre Argumentation gegen die Annahme, daß Sätze wahr sein können, verdient Beachtung. Sie behaupten, daß man mit den Sätzen

(19) I think, therefore I am.

(20) Je pense, donc je suis.

(21) Cogito, ergo sum.

dieselbe Proposition behauptet. Dadurch erhält unsere Vorstellung von Propositionen eine neue Dimension: Sie scheinen unabhängig von dem Sprachspiel, das man spielt. Daß, was wahr ist, i.e. der Fall ist, unter Verwendung verschiedener sprachlicher Ausdrücke behauptet werden kann, soll nicht bestritten werden. Daraus muß jedoch nur gefolgert werden, daß es eben nicht die Ausdrücke sind, die wahr sind. Verschiedene Behauptungsakte, in denen dasselbe behauptet wird, wie dies etwa mit folgenden Sätzen geschehen könnte

(22) Ich habe Durst.

(23) Mein Vetter hat Durst.

sind sprachliche Handlungen im Rahmen desselben Sprachspiels, d.h. bezogen auf ein bestimmtes Regelsystem. Das ist bei (19), (20) und (21) nicht der Fall. Wir sind dennoch geneigt, die Behauptung von Cohen und Nagel bezüglich dieser Sätze zu akzeptieren. Das dürfte daran liegen, daß es sich um Sätze handelt, die in eng verwandten Sprachspielen verwendet werden können. Cohen und Nagel wollen aber Gleichheit der durch diese Sätze ausdrückbaren Propositionen, nicht Verwandtschaft der betroffenen Sprachspiele, als Grund dafür geltend machen, daß sich uns diese Sätze gleichsam als Varianten präsentieren.

Wogegen Quine sich wendet, ist die Annahme, daß es Propositionen gibt, die u n a b h ä n g i g von den sprachlichen Ausdrücken existieren, die wir verwenden, um zu behaupten, daß dies und jenes der Fall ist. Genau dies behaupten aber Cohen und Nagel, wenn ich sie richtig verstehe. Sie sagen zwar in (iii), daß Propositionen immer nur durch sprachliche Ausdrücke mitgeteilt werden können, doch damit ist nicht die Sprachabhängigkeit gemeint, die wir meinen. Man könnte sagen, daß wir Namen brauchen, um von ihnen zu reden. Dies ist einleuchtend, weil wir die Gegenstände, von denen wir reden, nicht aussprechen können.[55] Nach Cohen und Nagel könnte man der Auffassung sein, daß Propositionen unabhängig von unserer Sprache existieren und in den verschiedenen Sprachen zum Ausdruck gebracht werden können. Nimmt man hinzu, was in (v) gesagt wird, dann heißt dies, daß, was wahr und was falsch ist, immer schon feststeht, daß unsere Aufgabe nur ist, das Wahre herauszufinden.

Diese Auffassung entbehrt nicht einer gewissen Plausibilität.

---

55 Wittgenstein im *Tractatus:* "Die Gegenstände kann ich nur n e n n e n . Zeichen vertreten sie. Ich kann nur v o n ihnen sprechen, sie aussprechen kann ich nicht." Wittgenstein, 1922, § 3.221.

Sie ist eine idealistische Variante des marxistisch-materialistischen Glaubens an eine objektiv gegebene Wirklichkeit und muß aus denselben Gründen zurückgewiesen werden. Sie ist plausibel, weil sie Wahrheit als unabhängig von unserem individuellen, aber auch kollektiven Urteil[56] darstellt, invariant von Ewigkeit zu Ewigkeit. Das entspricht unserer Intuition zum Gebrauch von *wahr*. Aber wer dieser Auffassung zustimmt, geht Verpflichtungen (commitments) ein, die er nicht eingehen muß. Er kann darauf festgelegt werden, die Behauptung, daß, was der Fall ist, notwendig für alle Zeit und für jedermann der Fall ist, als wahr zu akzeptieren. Es bleiben folgende Möglichkeiten: Entweder man hält für möglich, letztlich zu erkennen, was wahr ist, oder nicht. Wenn man es nicht für möglich hält, wenn man glaubt, immer auf Hypothesen angewiesen zu bleiben, über deren Wahrheitsgehalt immer verschiedene Ansichten bestehen werden, ist die Ansicht, daß es objektive Wahrheiten gibt, nicht von Belang. Geht man davon aus, daß es möglich ist, objektive Wahrheiten zu erkennen, und glaubt sich - konsequenterweise - im Besitz solcher Wahrheiten, wird Toleranz zu Charakterschwäche. Wer sich im Besitz der Wahrheit glaubt, wird sich auf Argumentation nicht ernsthaft einlassen. Die Geschichte der Religionskriege liefert dafür den traurigen Beweis.

Die Annahme, daß, was wahr ist, immer schon feststeht und auch erkannt werden kann, ist von einiger Bedeutung für die Einschätzung einer Lebensform. Wenn es objektive Wahrheiten gibt, gibt es nur eine richtige Lebensform. Zugelassen sind spielerische Varianten, die, wie bei Cohen und Nagel angedeutet, Ausdruck derselben Lebensform sind. Fatal an der Auffassung, daß Propositionen sprachspielunabhängig sind, ist nicht eigentlich die Auffassung selbst. Man könnte sich vorstellen, daß Menschen, die überzeugt sind, d i e Wahrheit zu kennen, friedlich und zufrieden leben, ohne irgendjemand zu seinem Glück zwingen zu wollen. Vielleicht wären solche Menschen glücklicher als wir, weil sie von keinem Zweifel geplagt würden. Gefährlich scheint, daß diese Auffassung Dogmati-

56 Was wahr bzw. falsch ist, kann nicht Gegenstand von Mehrheitsbeschlüssen sein. Wahrheit ist nicht demokratisch. Es ist durchaus vorstellbar, daß wir auch da irren, wo wir Übereinstimmung unter uns erzielt haben.

kern erlaubt, in heiligem Zorn jeden zu ihrer Ansicht zwingen zu wollen, ohne die Verantwortung für ihre Taten sich selbst anlasten zu müssen. Wenn es auch kaum gelingen wird, solche Menschen von ihren Ansichten abzubringen,[57] so scheint mir wichtig, wenigstens ihre Opfer darüber aufzuklären, daß sie sich gegen Menschen und nicht gegen die Gesetze der Vernunft zur Wehr setzen, wenn sie dogmatischer Anmaßung widerstehen. Unangenehme Konsequenzen traditioneller Propositionstheorien lassen sich vermeiden, wenn das Postulat der Sprachunabhängigkeit von Propositionen aufgegeben wird. Wenn, was für uns Proposition ist, von unserer Sprache bestimmt wird, besteht kein Anspruch, daß, was für uns der Fall ist, notwendig immer schon für jedermann der Fall war. Dies ist besonders interessant im Hinblick auf künftige Ereignisse. Wenn wir annehmen, daß Propositionen unabhängig von unserem Sprachspiel wahr oder falsch sind, müssen wir auch annehmen, daß - ein Beispiel von Aristoteles - schon heute feststeht, ob morgen eine Seeschlacht stattfinden wird oder nicht. Wir sind zum Determinismus gezwungen. Das ist nicht so, wenn die Proposition von den Regeln unseres Sprachspiels abhängig gemacht wird. Diese Regeln lassen keine Entscheidung über Wahrheit bzw. Falschheit von Propositionen zu, die künftige Ereignisse betreffen. Es existiert kein Beweis für

(24) Morgen findet eine Seeschlacht statt.

Wenn morgen tatsächlich eine Seeschlacht stattfindet, wird dadurch keine Verifikation einer Proposition gegeben, die mit (24) behauptet wurde. Eine Prophezeiung wird erfüllt.

Die Regeln unseres Sprachspiels machen keinen bestimmten Ablauf des Spiels notwendig. Sie bestimmen, was als Proposition in Frage kommt. Das Sprachspiel ist keine Partie seiner selbst. Die Abhängigkeit der Propositionen von Regeln eines Sprachspiels besteht darin, daß mit dem Sprachspiel ein logischer Raum[58] von Sachverhalten gegeben ist, in dem sich, was der Fall sein kann, erst konstituiert. Abhängigkeit besteht insofern, als, was der Fall sein kann,

---

57 Dogmatiker denken für gewöhnlich in hermetischen Systemen, in denen ihre Dogmen für jeden Zweifel unerreichbar sind.

58 Zum Begriff des "logischen Raums" siehe Wittgenstein, 1922, § 2.202.

dies nur in Bezug auf ein Spiel sein kann. Es gibt keine Sachverhalte, die nicht Sachverhalte eines Spiels sind. Sachverhalte sind Zustände, in denen Spiele sich befinden können. Sie sind gleichsam "e i n e Zeigerstellung im Gegensatz zu anderen möglichen."[59] Bleibt zu zeigen, wie die Regeln des Sprachspiels bestimmen, was für uns der Fall sein kann. Solang dies nicht geleistet ist, könnte man einwenden, daß es zwar zutrifft, daß, was der Fall sein kann, in Bezug auf ein Spiel der Fall ist, daß dieses Spiel jedoch keineswegs unser Sprachspiel sein müsse.

Über der Kontroverse zur These der Sprachunabhängigkeit von Propositionen ist nicht klar geworden, was es ist, das wahr bzw. falsch ist. Was irritiert, ist, daß wir keine Vorstellung davon haben, wie eine Antwort aussehen könnte. Für gewöhnlich werden Fragen der Art

(25) Was ist ein so-und-so?

beantwortet mit Sätzen der Art

(26) Ein so-und-so ist ein dies-und-dies.

Wenn jemand fragt, was ein Fertighaus ist, können wir antworten, daß ein Fertighaus ein Haus ist, das aus Fertigteilen hergestellt wird. Vielleicht wird man weiter fragen, was Fertigteile sind. Dadurch entstehen keine größeren Schwierigkeiten. Wir geben eine Sequenz von Antworten, die bis an das heranreicht, was der Frager versteht, bzw. zu verstehen glaubt, was ebenso gut sein Fragen beendet. Im Fall von Propositionen sind wir ratlos. Was wir an Sätzen der Form von (26) vorbringen können, etwa

(27) Propositionen sind Ideen.
(28) Propositionen sind Gedanken.
(29) Propositionen sind Bilder von Tatsachen.

bringt uns einem Verständnis von Propositionen nicht näher. Es zeigt keinen Weg, wie wir *Propositionen* verwenden sollen. Auch eine Gebrauchsbeschreibung von *das, was wahr oder falsch ist*, d.h. von dem Ausdruck, für den *Proposition* definitorisch eingeführt wur-

59 Wittgenstein, 1969, 131. Wittgenstein sagt dies von Sätzen. Es scheint mir auch auf Sachverhalte zuzutreffen.

de, führt nicht weiter. Wir werden dabei nicht mehr finden als in 2.2.

Ein Grund für das Leerlaufen dieser Erklärungsversuche könnte darin liegen, daß die Frage, was eine Proposition ist, irreleitet, weil wir eine hinweisende Erklärung erwarten. Mit dem Satz

(30) Dies ist eine Proposition.

können wir aber auf keine Proposition zeigen. Ebenso wenig können wir das mit den Fingern. Es hat keinen Sinn, Propositionen zu suchen. Sie befinden sich nirgends. Dennoch sagen wir, daß es Propositionen gibt. Es muß sie geben: Wie könnten wir sonst etwas behaupten. Sie sind jedoch in ihrer Existenz von den Dingen verschieden, die wir mit Frege "Dinge der Außenwelt" nennen.[60] Sie sind auch verschieden von Vorstellungen, obwohl sie wie diese nicht sinnlich wahrnehmbar sind. Vorstellungen, die wir haben, sind immer je unsere Vorstellungen. Vorstellungen bedürfen eines Trägers, nicht so Propositionen oder, wie Frege sagt, Gedanken. Frege schreibt:[61]

> Wenn der Gedanke eines Trägers bedarf, zu dessen Bewußtseinsinhalte er gehört, so ist er Gedanke nur dieses Trägers, und es gibt keine Wissenschaft, welche vielen gemeinsam wäre, an welcher viele arbeiten könnten; sondern ich habe vielleicht meine Wissenschaft, nämlich ein Ganzes von Gedanken, deren Träger ich bin, ein anderer hat seine Wissenschaft.

Frege kommt zu dem Schluß, daß ein "drittes Reich" von Objekten anerkannt werden muß,[62] die mit den Dingen der Außenwelt gemeinsam haben, öffentlich zu sein, sich aber von ihnen wie Vorstellungen darin unterscheiden, daß sie nicht sinnlich wahrnehmbar sind. Die Feststellung, daß Propositionen öffentlich sind, müßte noch dahingehend qualifiziert werden, daß expliziert wird, von wem die Öffentlichkeit gebildet wird. Das verweist uns auf die oben angesprochene Kontroverse, in deren Rahmen die nötige Klärung zu schaffen sein wird. Auf Propositionen sind übliche Verifikations-

---

60 Siehe Frege, op.cit., 33ff.
61 Frege op.cit., 43.
62 Ibidem.

verfahren nicht anwendbar.[63] Wir wissen nicht, was wir tun könnten, um die Existenz einer Proposition zu beweisen. Der Grund ist einfach: Es besteht keine Notwendigkeit, dies zu tun. Indem wir sie erfassen, erkennen wir die Proposition als existent. Eine Proposition erfassen, heißt, sie als Bedeutung erkennen. Propositionen sind, was verstanden wird, wenn etwa verstanden wird, was behauptet worden ist. Propositionen sind Bedeutungen und müssen als solche nicht erst verstanden werden. Wittgenstein sagt - wie Frege von Gedanken sprechend:[64]

> Wenn man den Gedanken betrachtet, so kann von einem Verstehen keine Rede mehr sein, denn sieht man ihn, so muß man ihn als den Inhalt des Gedankens erkennen! Es ist nichts mehr zu deuten.

Damit ist gesagt, daß Propositionen keiner Beschreibung bedürfen, um verständlich gemacht zu werden. Sie können nur bedeutet, i.e. zum Ausdruck gebracht werden. Es kann allenfalls sein, daß von verschiedenen Möglichkeiten, eine Proposition zum Ausdruck zu bringen, in einer gegebenen Situation nicht alle von einem betroffenen Sprachteilhaber verstanden werden, so daß eine dieser Möglichkeiten dazu verwendet werden kann, andere zu erklären. Dabei wird dieser Form, die Proposition zum Ausdruck zu bringen, eine Funktion als Beschreibung im Hinblick auf andere Formen zugewiesen. Ein Bild, möchte man sagen, soll ein anderes beleuchten.[65] Der Vorgang ist vergleichbar mit Erklärungen, die wir geben, wenn jemand nicht verstanden hat, auf welche Person wir mit einem Namen oder einer Kennzeichnung Bezug nehmen wollen. Ein Beispiel: Ich unterhalte mich mit jemand über die Französische Revolution und komme auf die Frau zu sprechen, die Marat erstochen hat. Um auf sie Bezug zu nehmen, sage ich nicht *die Mörderin von Marat*, ich verwende den Eigennamen dieser Person: *Charlotte Corday*. Wenn mein Gesprächspartner nicht gerade Spezialist für französische Geschichte ist, kann es sein, daß er nicht versteht, von wem ich

---

63 "Ist die Flamme nicht rätselhaft, weil sie ungreifbar ist? Wohl - aber warum macht sie das rätselhaft? Warum soll das Ungreifbare rätselhafter sein, als das Greifbare? Außer weil wir es greifen w o l l e n !" Wittgenstein, 1967a, § 126.

64 Wittgenstein, 1969, 144.

65 Vgl. Wittgenstein, 1969, 41.

rede. Er könnte fragen: "Von wem redest Du?" Meine Antwort: "Die Frau, die Marat in der Badewanne erstochen hat." Und dies ist alles, was ich tun kann, um ihm zu besserem Verständnis zu verhelfen. Ich kenne nicht mehr Ausdrücke, mit denen auf diese Dame Bezug genommen werden kann. Wenn mein Gesprächspartner nicht weiß, wer Marat war, wird ihm, was ich als Erklärung meinte, keine Erklärung sein.

Propositionen, allgemein Bedeutungen, können wir zum Ausdruck bringen, indem wir bestimmte sprachliche Handlungen nach den Regeln des Sprachspiels durchführen, in dem sie Spielzüge sind. Wir verfügen über die Bedeutungen einer Sprache, indem wir die Regeln der Sprachspiele beherrschen, die mit dieser Sprache durchgeführt werden können. Ein Sprachspiel beherrschen wir wie andere Spiele auch. Es genügt, die Spielzüge - im Sprachspiel sind das Sprechakte, aber auch andere Handlungen - richtig durchführen zu können. Es ist sinnlos, hinter dieser Fähigkeit irgendwelche Entitäten zu suchen, die man als Bedeutungen ausmachen könnte. Bedeutung ist untrennbar von dem Handeln, das sie als Bedeutung hat. Es ist die Form oder Art des Handelns, die dazu dient, die Bedeutung zum Ausdruck zu bringen. Die Form des Handelns ist nichts, was losgelöst von dem Handeln betrachtet werden kann: Das Handeln weist sie auf, indem es ist, wie es ist. Daß es ist, wie es ist, daß es *uns* so ist, ist nur auf der Grundlage der Kenntnis des Sprachspiels zu erkennen. Man kann sagen, daß eine Handlung verstehen, immer auch heißen muß, das Spiel verstehen, in dem sie Handlung ist. Die Bedeutung der Handlung besteht darin, daß sie in dem Spiel eine bestimmte Funktion erfüllen kann. Sie wird verstanden, indem sie in dieser Funktion erkannt wird. Das Spiel verstehen, heißt, den Zusammenhang der Spielzüge überblicken. Das Spiel als Ganzes kann selbst eine Funktion in einem größeren Zusammenhang erfüllen und insofern selbst Bedeutung haben, aber das muß uns, wenn wir das Spiel verstehen wollen, nicht interessieren. Um ein Spiel zu verstehen, muß man es erlernen. Der Sinn der Züge eines Spiels ist gleichsam eingeschlossen in dem Spiel.

Was uns verwirrt, ist, daß wir im Fall unserer Sprache nicht wie bei anderen Spielen Erklärungen darüber abgeben können, was mit welchen Handlungen zum Ausdruck gebracht werden kann. Mit jeder solchen Erklärung sind wir bereits in dem Spiel. Wir können uns nicht außerhalb des Spiels stellen. "I n der S p r a c h e wird alles ausgetragen."[66] Es hat Sinn zu sagen: "Wenn die Ampel auf rot schaltet, dann bedeutet dies, daß man stehen bleiben soll". Hier wird versucht eine Spielregel sprachlich zu fassen. Die Sprache kann als bekannt vorausgesetzt werden. Wenn aber die Regeln der Sprache selbst zu klären sind, ist eine Aussage wie: "Wenn man ein Bier bestellen will, kann man sagen: 'Bitte ein Bier'" nur beschränkt sinnvoll, weil in der Formulierung wesentlich von dem Gebrauch gemacht wird, was durch sie erst eingeführt werden soll.[67]

In der Praxis ist der Unterschied zwischen Sprachspiel und anderen Spielen nicht so groß, wie er scheinen mag. Zwar können wir andere Spiele prinzipiell über sprachliche Formulierungen der Regeln erlernen, die ihnen zugrundeliegen, doch tun wir dies in konsequenter Form nur selten. Als Beispiel könnte man das Skatspiel betrachten. Kaum jemand dürfte dieses Spiel allein über sprachliche Erklärungen erlernt haben. Für gewöhnlich lernt man das Spiel nach anfänglichen Erläuterungen im Vollzug. Man lernt "spielend" durch Teilnahme an Partien des Spiels. Ebenso lernen wir Sprachspiele. "Das Lernen der Sprache bewirkt ihr Verstehen"[68] Das Verstehen im Sprachspiel muß nicht zusätzlich zur Fähigkeit, das Spiel zu spielen, erlernt werden. Es ist Teil dieser Fähigkeit. Es besteht darin, den Spielzug, der zu verstehen ist, in seiner Auswirkung auf das Spiel einschätzen zu können.

Man kann Propositionen mit Toren beim Fußballspiel vergleichen. In einem entsprechenden Sprachspiel können Propositionen zum Ausdruck gebracht werden. Im Fußballspiel ist die Möglichkeit vorgesehen, Tore zu schießen. In beiden Fällen haben wir Schwierigkeiten zu beschreiben, um was es sich bei diesen Objekten "eigentlich" handelt. Auf die Frage: "Was ist ein Tor?" wird man vielleicht als Antwort geben: "Wenn es einem Spieler gelingt, auf regelgerechte

66 Wittgenstein, 1969, 143.
67 Nicht sinnvoll, und damit keine Erklärung, wäre eine solche Aussage, wenn nicht vorausgesetzt werden kann, daß der Adressat weiß, was *Bier* bedeutet. Sinnvoll dagegen, wenn ihm eine bestimmte Form des Bestellens gezeigt werden soll.
68 Wittgenstein, 1969, 41.

Weise den Ball in das Tor einer der beiden Mannschaften zu befördern, dann ist ein Tor gemacht worden." Das ist eine Erklärung dafür, unter welchen Bedingungen ein Tor vorliegt, nicht dafür, was ein Tor ist. Aber diese Erklärung genügt. Welche andere Antwort könnte man erwarten?

Eine Antwort auf die Frage: "Was ist eine Proposition?" ist insofern von Interesse als wir, wenn wir ein entsprechendes Sprachspiel lernen wollen, wissen müssen, was es heißt, etwas, i.e. eine Proposition, zu behaupten, zu glauben, zu meinen usw. Eine Antwort könnte lauten: "Wenn jemand einen bestimmten sprachlichen Ausdruck - etwa einen sogenannten Aussagesatz - behauptend geäußert hat, hat er damit eine bestimmte Proposition behauptet." Eine solche Erklärung ist scheinbar trivial, doch aufschlußreich. Es zeigt sich, daß die Frage, was eine Proposition ist, zurückgeführt werden kann auf die Frage, was es heißt, etwas behauptend zu äußern.[69] Diese Frage ist weniger obskur als die Ausgangsfrage. Sie wird beantwortet, wenn wir klären, was unter welchen Bedingungen durch die Äußerung wovon behauptet werden kann. Solche Klärung herbeizuführen, ist in der Praxis dann wichtig, wenn post festum festgestellt werden soll, was jemand behauptet hat, bzw. ob er überhaupt etwas behauptet hat.

Indem man zeigt, w i e im Sprachspiel behauptet werden kann, zeigt man, was eine Proposition ist. Der Zusammenhang zwischen Behaupten und Proposition darf aber nicht so verstanden werden, daß Propositionen nur durch oder in den konkreten Akten des Behauptens bestehen. Sie sind davon unabhängig. Sie müssen es sein, denn wie könnten wir sonst Propositionen betrachten, ohne daß sie von jemand behauptet worden sind. Auch hier kann ein Vergleich mit den Toren beim Fußballspiel verstehen helfen: Die Tore im Fußballspiel müssen nicht erst geschossen werden, damit wir über Tore in diesem Spiel - nicht in einer Partie dieses Spiels! - reden können. Propositionen sind im Sprachspiel nicht nur als be-

---

69 Dies ist sicher nur eine Möglichkeit der Reduktion. Im Prinzip ist es möglich, anstelle des Behauptens das Glauben, Meinen, Annehmen u.ä. zur Erklärung heranzuziehen. Das Behaupten scheint mir aber am geeignetsten zu sein, weil es die einfachste Erklärung zuläßt. Jedenfalls werde ich mich im folgenden nur damit auseinandersetzen.

hauptete von Interesse. Sie können, z.B. in indirekter Rede, auch nicht-behauptet zum Ausdruck gebracht werden.[70] Wenn wir sie erfassen, erfassen wir sie als etwas, das behauptet werden kann: Angenommen man unterrichtet mich, Hans glaube, daß die Kinder vom Storch gebracht werden. Damit ich dies erfassen kann, muß ich u.a. wissen, was jemand, der behauptet, daß Kinder vom Storch gebracht werden, behauptet hat. Ich muß die Proposition als behauptet betrachten.

Abschließend können wir sagen, daß die Probleme, die aus der Frage, was eine Proposition ist, ergeben, daher rühren, daß diese Frage fehlgeleitet ist. Diese Frage wird gestellt auf dem Hintergrund von Annahmen, die sich als nicht haltbar erweisen. Dies ist schon lang bekannt, doch offensichtlich von vielen bis heute nicht zur Kenntnis genommen worden. Was behauptet werden kann, ist etwas, das gemacht wird. Was es ist, zeigt sich, wenn es gemacht worden ist. Auch dann zeigt es sich nicht als Objekt, das als Produkt des Handelns entsteht, es zeigt sich daran, wie das Handeln ist. "Etwas behaupten" ist nicht wie "etwas malen" zu verstehen. Es ist eher vergleichbar mit "etwas tanzen", etwa einen Boogie: Daß man Boogie tanzt, zeigt sich an der Art, wie man tanzt, nicht an etwas, das dabei entsteht.

## 2.4 Proposition und Sachverhalt

Propositionen haben einen von zwei Werten: Sie sind entweder wahr oder falsch, keinesfalls beides. Durch diese Eigenschaft von Propositionen wird es möglich, die Gesamtheit der Propositionen eines Sprachspiels als Modell einer formalen Theorie zweiwertiger Systeme zu betrachten. Für eine solche Betrachtung, in der das Sprachspiel - jedenfalls ein relevanter Ausschnitt - als Kalkül mit Propositionen gesehen werden kann, ist unerheblich, was es heißt, daß eine Proposition wahr ist. Insbesondere ist unerheblich, ob sie wahr oder falsch ist. Es kommt darauf an, daß sie eines von beiden ist. Das genügt als Basis für eine Darstellung der formalen Eigenschaften des Kalküls. Wenn wir in der Darstellung von Beweishandlungen mit einer solchen Betrachtungsweise auskommen, sind wir

70 Siehe hierzu Geach, 1972.

nicht genötigt, eine Antwort auf die Frage zu finden, was es heißt, daß eine Proposition wahr ist.

Die formale Betrachtungsweise ist ein Kennzeichen logischer Theorien. Die Verfasser solcher Theorien halten sich etwas darauf zugute, Sprachen so zu betrachten. Sie glauben, daß die Einbeziehung einer semantischen Analyse von Propositionen nur zu Verwirrung im Kalkül führen könne, da die Regeln unserer Sprachspiele nicht so präzis zu sein scheinen, wie man dies wünscht. Aus dieser Haltung heraus haben vor allem Logiker, die überwiegend an mathematischer Grundlagenforschung interessiert waren, unterlassen zu zeigen, was es heißt, daß eine Proposition wahr ist. Diese Beschränkung hatte Konsequenzen für die Entwicklung logischer Theorien. Eine solche Konsequenz, die für unser Vorhaben fatale Auswirkungen haben müßte, ist, daß es nicht möglich ist, für beliebige Propositionen des Kalküls zu zeigen, ob sie miteinander verträglich sind oder nicht. Konsistenzbeweise im sogenannten Aussagenkalkül sind nur möglich auf der Grundlage der Annahme von Propositionsvariablen, die nach Belieben auf einen der beiden zur Verfügung stehenden Werte festgelegt werden können. In diesem Rahmen ist es möglich, alle denkbaren Kombinationen von Wahrheitswerten durchzuspielen und anzugeben, wie Wertverteilungen für eine gegebene Menge von Propositionen aussehen müssen, damit sie verträglich sind. Mit solchen Feststellungen können wir uns nicht begnügen. Wir haben es in den Diskussionen, die wir führen, nicht mit Propositionsvariablen zu tun. Wenn eine Proposition in einer Diskussion einmal behauptet ist, ist damit der Anspruch angemeldet worden, daß sie wahr ist. Selbst wenn wir davon ausgehen, daß dieser Anspruch zurecht besteht, können wir uns der Frage, was es heißt, daß sie wahr ist, nicht entziehen, weil wir im weiteren Handeln wissen müssen, auf was wir uns damit eingelassen haben. Daß wir im Anschluß an eine solche Behauptung nur noch Bestimmtes darüber hinaus behaupten dürfen, ist vielleicht die Konsequenz, mit der wir die geringsten Schwierigkeiten haben.

Die formale Logik ist nicht bei der dargestellten holophrastischen Betrachtungsweise stehen geblieben. Man hat in der Prädikatenlogik eine Analyse von Propositionen vorgelegt, die im gewissen Rahmen Konsistenzbeweise für Mengen von Propositionen ermöglicht, ohne dabei von als unscharf betrachteten Bedeutungskonzepten natürlicher Sprachen ausgehen zu müssen. Dies war möglich durch die Einführung formalisierter Sprachen. Ein solches Vorgehen hat in der Tat einen großen Vorteil: Für formalisierte Sprachen kann ein formaler Kalkül besser definiert werden als für natürliche Sprachen. Das hat aber seinen Preis: Alle Fragen, die für uns von Interesse sein könnten, werden durch definitorische Festsetzungen beantwortet. Wo solche Festsetzungen fehlen, ist auch in diesen Kalkülen kein Konsistenzbeweis für Propositionen möglich, der über formale Beziehungen hinausgeht. Ein Beispiel, das in einer logisch reglementierten Form des Deutschen gehalten ist, mag dies illustrieren:

(1) Für alle F, wenn sie G sind, sind sie auch H.

(2) Es gibt G, die nicht H sind.

(3) Es gibt H, die F sind und nicht G.

(4) Kein I ist J.

An (1) - (4) lassen sich Stärke und Grenzen der formalen Betrachtungsweise illustrieren. Die Stärke: Es kann gelingen zu zeigen, daß (1) und (2), (1) und (3), (2) und (3) konsistent sind, was keineswegs trivial erkannt werden muß. Die Grenze: Es ist nicht möglich, etwas über Konsistenz bzw. Inkonsistenz von (4) mit den übrigen Aussagen herauszufinden, solang man nichts über die Bedeutungen von F, G, H. I. J weiß. Entgegen einer weitverbreiteten Ansicht kann auch eine modelltheoretische Interpretation dies nicht beheben. Dort kann man zwar darauf verzichten, die Propositionen, die mit (1) - (4) behauptet werden können, als Bedeutungen zu erfassen, doch nur, weil man stillschweigend davon ausgeht, daß die Sprache, in der die Interpretation gegeben wird, bereits verstanden wird. Unser Problem stellt sich erneut, weil es nicht gelingen kann, es wegzudefinieren.

Es scheint, als könnten wir auf absehbare Zeit nicht erwarten, daß Logiker, die doch ständig mit Wahrheit beschäftigt scheinen, eine Theorie der Wahrheit bereitstellen, die unseren Interessen genügt. Formale Logik kann auf eine Bestimmung dessen, was es heißt, daß eine Proposition wahr ist, verzichten. Wir können dies nicht. Die Behauptungsakte, in denen uns Propositionen bedeutet werden, sind Versuche, in unser Leben einzugreifen. Wie immer wir uns zu diesen Versuchen stellen, zunächst müssen wir verstehen, was uns gesagt werden soll. Wenn, was uns gesagt werden soll, eine Proposition ist, heißt dies, daß wir auf das Bestehen bzw. Nichtbestehen eines Sachverhalts in unserer Welt hingewiesen werden sollen. Damit wir dies verstehen, müssen wir wissen, was der Fall ist, wenn die Proposition wahr ist.[71] Das heißt es, daß eine Proposition wahr ist: Etwas ist der Fall, nämlich das, von dem gesagt wird, daß es der Fall ist.

Etwas kann der Fall sein oder auch nicht. Daß es der Fall ist, ist keine notwendige Voraussetzung dafür, daß wir verstehen, welche Proposition uns bedeutet wurde, so daß man schließen könnte, es sei im Grund doch gleichgültig, ob die Proposition wahr ist oder falsch. Ein solcher Schluß wäre voreilig. Er würde nicht in Rechnung stellen, wie wir dahin kommen können, Propositionen zu erfassen. Wir klassifizieren Propositionen als wahr oder falsch. Für Klassifikationen gilt, was Michael Dummett gesagt hat:[72]

> Classifications do not exist in the void, but are always connected with some interest which we have, so that to assign something to a class or another will have consequences connected with the interest.

Der Witz einer Klassifikation von Propositionen als wahr bzw. falsch liegt darin, daß wir interessiert sind zu wissen, ob eine gegebene Proposition wahr ist. Durch eine solche Klassifikation schaffen wir uns eine Orientierung in der Welt, in der wir zu leben glauben. Wir erkennen sie als Welt genau so weit, wie wir sie über Kenntnis von Propositionen als etwas erkennen, was der Fall ist. An diesem Interesse ist nichts, was auf moralische Haltung schließen läßt. Ein Weltverständnis braucht jeder, der nicht als Tor durch die Welt gehen will. Wissen wird gebraucht zum Guten wie zum Schlechten. Niemand muß besser wissen, was wahr ist, als wer vorhat, andere darüber zu täuschen.

Ich habe gesagt, das Wahr-Sein einer Proposition bedeute, daß etwas der Fall sei. Was der Fall ist, ist in einer Welt der

---

71 Vgl. Wittgenstein, 1922, § 4.024.
72 Dummett, 1967, 49.

Fall, nicht in einer Sprache. Solang ich nicht mehr sage als bislang, werde ich nicht auf Widerspruch stoßen. Die Formulierung überdeckt eine Verschiedenheit von Auffassungen. Dies ist soweit keine schlechte Position. Ich bin nicht der Meinung, daß man versuchen sollte, alle denkbaren Mißverständnisse anzusprechen. Im Gegenteil, ich halte diese Praxis, die - mir unverständlich - als Ehrlichkeit betrachtet wird, für ein sicheres Verfahren, vernünftige Gespräche nicht in Gang kommen zu lassen. In dem anstehenden Fall glaube ich, anders verfahren zu müssen, weil aus einem Verständnis dessen, was es heißt, daß etwas wahr ist, eine Bewertung der Bedeutung argumentativen Handelns in unserer Lebensform abgeleitet werden soll. Dabei möchte ich nicht mißverstanden werden.

Das Verhältnis zwischen Proposition und Sachverhalt zeigt sich, wenn man untersucht, was wir tun, um festzustellen, ob eine Proposition wahr ist. Wir tun dies: Wir schauen in unserer Welt nach, ob sich die Dinge verhalten, wie sie sich verhalten müssen, wenn die Proposition wahr ist. Eine Antwort auf die Frage, was es heißt, daß eine Proposition wahr ist, könnte lauten: "Eine wahre Proposition ist eine Proposition, welche besagt, daß die Sachen sich so und so verhalten, und die Sachen verhalten sich so und so."[73] Nachschauen in der Welt, weit genug verstanden, scheint die allgemeine Form der Verifikation. Es umfaßt alle Tätigkeiten, die wir brauchen, um Sachverhalte a n s c h a u l i c h zu machen, also etwa auch Mikroskopieren, chemisch Analysieren und dergleichen. Problematisch ist, wie solches Nachschauen in der Welt zu bewerten ist. Nach verbreiteter Ansicht - weniger unter Wissenschaftlern als unter Laien, aber auch unter diesen - besteht das Nachschauen in der Konstatierung einer Übereinstimmung zwischen Proposition und Sachverhalt. Der Sachverhalt

---

73 Ein fast wörtliches Zitat aus Tarski, 1936, 268. Die Veränderungen, die ich vorgenommen habe, bestehen darin, daß ich, um es meinem Sprachgebrauch anzupassen, *Proposition* verwende, wo Tarski *Aussage* verwendet. Tarski verwendet diese Aussage als einen ersten Versuch einer semantischen Definition von Wahrheit in natürlichen Sprachen und qualifiziert ihn als anschaulich in Sinn und allgemeiner Intention, wenngleich formal nicht ganz korrekt.

ist, wenn er besteht, in der Welt. Er ist nicht die Proposition, in der er als bestehend erfaßt wird. Er ist, wie man meint, objektiv gegeben, unabhängig von unserer Erkenntnis, und bietet das Maß zu der Beurteilung der Proposition, die ihn als existent darstellt. Wir erkennen, daß es sich so und so verhält, w e i l es sich so und so verhält. Der Sachverhalt zeigt sich uns, wenn er besteht. Man möchte sagen: Wir entgehen ihm nicht.

Eine Proposition scheint dabei Bild eines Sachverhalts. Sie stimmt mit dem Sachverhalt überein, indem sie uns ein Bild des Sachverhalts ist. Und daraus scheint erklärbar, warum sie wahr oder falsch sein kann, warum wir daran interessiert sind herauszufinden, ob sie wahr ist: Als Bild zeigt sie, wie der Sachverhalt beschaffen sein muß, von dem sie ein Bild ist. Wenn wir das Bild kennen, sind wir in der Lage, in der Welt nachzuschauen, ob das, was es abbildet, in ihr besteht. Der Vorgang scheint im Prinzip derselbe wie das Suchen eines Verbrechers mit Hilfe eines Steckbriefes. Man kennt das Bild auf dem Steckbrief und schaut sich die Leute unter dem Aspekt an, ob es auf sie paßt. Wenn man jemand gefunden hat, auf den es paßt, wird man sagen, daß die Person, die durch das Bild dargestellt wird, existiert.

Gegen ein solches Verständnis der Beziehung zwischen Proposition und Sachverhalt, wie es sich heute besonders bei Marxisten nachweisen läßt,[74] sind Bedenken anzumelden. Wir können davon

---

74 Nach Lenin ist ein solches Verständnis von Wahrheit notwendiges Kennzeichen eines Marxisten. In seinem philosophischen Hauptwerk *Materialismus und Empiriokritizismus* (Lenin, 1970) greift er eine Reihe von Theoretikern, die sich selbst als Marxisten verstehen, mit Argumenten an, die darauf hinauslaufen, daß er diesen, weil sie ein anderes Verständnis von Wahrheit haben als jenes, das oben skizziert wurde, die Berechtigung abspricht, sich als Marxisten zu bezeichnen. Seine Wahrheitstheorie ist die der Widerspiegelung: Das objektive, von unserer Erkenntnis unabhängige Sein, spiegelt sich wider in unserer Erfahrung der Realität. Daß es sich richtig widerspiegelt, zeigt sich, so Lenin, darin, daß wir in keinem einzigen Fall, soviel bis heute bekannt ist, zu dem Schluß gezwungen wurden, "daß unsere wissenschaftlich kontrollierten Sinneswahrnehmungen in unserem Gehirn Vorstellungen von der Außenwelt erzeugen, die ihrer Natur nach von der Wirklichkeit abweichen." (Lenin, op.cit., 120) Es scheint, daß dies für Marxisten als Beweis genügt. Jedenfalls konnte ich in Diskussionen mit Marxisten verschiedenster Richtungen über das,

absehen, daß in diesem Zusammenhang der Anspruch gestellt wird, die so erkannten Wahrheiten seien objektive Wahrheiten. Dieser Anspruch wird noch zu untersuchen sein. Dazu ist es wichtig zu zeigen, in welcher Weise Bilder mit den Objekten übereinstimmen, die sie abbilden, d.h. wie sie uns Bilder von etwas sind. Man sollte den Gebrauch von *Bild* für diese Diskussion auf Bilder beschränken, die mit der Intention gemacht werden und wurden, etwas abzubilden, denn nur, wenn ein solcher Anspruch besteht, kann die Frage gestellt werden, ob das Bild seinen Gegenstand richtig abbildet. Propositionen müssen, wenn sie Bilder sein sollen, in diesem Sinn Bilder sein.

Ihre strengste Formulierung hat diese Wahrheitstheorie bei Wittgenstein in seiner frühen Schrift *Tractatus logico-philosophicus* erfahren. Wittgenstein selbst ist später von dieser Theorie abgerückt, doch braucht uns das nicht davon abzuhalten, seine Ausführungen zu dieser Theorie zu überprüfen. Ich möchte zur Darstellung seiner Theorie eine längere Passage aus dem *Tractatus* zitieren:[75]

2.06 Das Bestehen und Nichtbestehen von Sachverhalten ist die Wirklichkeit
(Das Bestehen von Sachverhalten nennen wir auch eine positive, das Nichtbestehen eine negative Tatsache).

2.063 Die gesamte Wirklichkeit ist die Welt.

2.12 Das Bild ist ein Modell der Wirklichkeit.

2.13 Den Gegenständen entsprechen im Bild die Elemente des Bilds.

2.14 Das Bild besteht darin, daß sich seine Elemente in bestimmter Art und Weise zu einander verhalten.

2.15 Daß sich die Elemente des Bildes in bestimmter Art und Weise zu einander verhalten, stellt vor, daß sich die Sachen so zu einander verhalten.
Dieser Zusammenhang der Elemente des Bildes heißt seine

---

was sie objektive Wahrheit nennen, feststellen, daß die zitierte Arbeit Lenins ihre theoretische Grundlage bildet.

75 Wittgenstein, 1922. Die zitierten Paragraphen sind aufgeführt, um eine Inflation von Anmerkungen zu vermeiden, die notwendig würden, da ich einige Paragraphen auslassen werde.

Struktur und ihre Möglichkeit seine Form der Abbildung.

2.1514 Die abbildende Beziehung besteht aus den Zuordnungen der Elemente des Bildes und der Sachen.

2.161 In Bild und Abgebildetem muß etwas identisch sein, damit das eine überhaupt ein Bild des anderen sein kann.

2.17 Was das Bild mit der Wirklichkeit gemein haben muß, um sie auf seine Art und Weise - richtig oder falsch - abbilden zu können, ist seine Form der Abbildung.

2.171 Das Bild kann jede Wirklichkeit abbilden, deren Form es hat.
Das räumliche Bild alles Räumliche, das farbige alles Farbige etc.

2.172 Seine Form der Abbildung aber kann das Bild nicht abbilden; es weist sie auf.

2.18 Was jedes Bild, welcher Form immer, mit der Wirklichkeit gemein haben muß, um sie überhaupt - richtig oder falsch - abbilden zu können, ist die logische Form, das ist die Form der Wirklichkeit.

2.181 Ist die Form der Abbildung die logische Form, so heißt das Bild das logische Bild.

2.2 Das Bild hat mit dem Abgebildeten die logische Form der Abbildung gemeinsam.

2.201 Das Bild bildet die Wirklichkeit ab, indem es eine Möglichkeit des Bestehens und Nichtbestehens von Sachverhalten darstellt.

2.21 Das Bild stimmt mit der Wirklichkeit überein oder nicht; es ist richtig oder unrichtig, wahr oder falsch.

2.22 Das Bild stellt dar, was es darstellt, unabhängig von seiner Wahr- oder Falschheit, durch die Form der Abbildung.

2.221 Was das Bild darstellt, ist sein Sinn.

2.222 In der Übereinstimmung oder Nichtübereinstimmung seines Sinnes mit der Wirklichkeit besteht seine Wahrheit oder Falschheit.

2.223 Um zu erkennen, ob das Bild wahr oder falsch ist, müssen wir es mit der Wirklichkeit vergleichen.

3. Das logische Bild der Tatsachen ist der Gedanke.

3.001 "Ein Sachverhalt ist denkbar" heißt: Wir können uns ein Bild von ihm machen.

3.01 Die Gesamtheit der wahren Gedanken sind ein Bild der Welt.

Der Gedanke, ein Bild als Modell von Wirklichkeit zu betrachten, ist in Übereinstimmung mit dem, was wir unter Bild und Wirklichkeit verstehen. Wir sind gewohnt, Wirklichieit an Modellen zu demonstrieren. In diesem Zusammenhang ist interessant, was Norman Malcolm über die Entstehung dieser zentralen Idee Wittgensteins zu berichten weiß:[76]

> This idea came to Wittgenstein when he was serving in the Austrian Army in the First War. He saw a newspaper that described the occurrence and location of an automobile accident by means of a diagramm or map. It occurred to Wittgenstein that this map was a proposition and that therein was revealed the essential nature of propositions - namely t o p i c t u r e reality.

Landkarten, Steckbriefe, technische Zeichnungen und dergleichen sind Bilder. Sie können wie Beschreibungen verwendet werden. So wenig wie Beschreibungen sind sie Propositionen, vielmehr können sie dazu gebraucht werden, solche zum Ausdruck zu bringen. Wenn ich in einer Zeitung ein Bild sehe, das zeigt, wie ein gewisser Skrobanek ein Mädchen niedersticht, kann mir dies dasselbe sagen, wie eine behauptende Äußerung von *Skrobanek hat ein Mädchen niedergestochen*. Damit mir durch das Bild oder durch die Äußerung mitgeteilt werden kann, daß Skrobanek ein Mädchen niedergestochen hat, muß ich wissen, was es heißt, daß Skrobanek ein Mädchen niedergestochen hat, und, daß dies mit dem Bild bzw. der Äußerung mitgeteilt werden soll. Wenn ich darüber befinden soll, ob, was mir so mitgeteilt wurde, wahr ist, d.h. ob die Proposition, daß Skrobanek ein Mädchen niedergestochen hat, mit der Wirklichkeit übereinstimmt, muß ich - so Wittgenstein - die Proposition mit dieser Wirklichkeit vergleichen.

Wie vergleicht man ein Bild mit der Wirklichkeit? Was kann man sich davon versprechen? Man kann alles mit jedem vergleichen. Ich kann eine Kuh mit einem Kochtopf vergleichen, meinen Kopf mit einem Sieb. Sinn haben Vergleiche, wenn klar ist, im Hinblick worauf verglichen werden soll. Welchen Sinn hat der Vergleich von Bild und Wirklichkeit, i.e. von Proposition und Wirklichkeit? Überein-

---

76 Malcolm, 1958, 68f.

stimmung soll gesucht werden. Worin muß das Bild mit der Realität übereinstimmen, damit es mit ihr übereinstimmt? Wittgenstein hat eine Antwort: In der Form der Abbildung. Ein Bild ist Bild von etwas, wenn für das Bild eine Form der Abbildung besteht.[77] Man wird z.B. von einem Sonnblumenbild von Van Gogh nicht sagen, daß es eine falsche Landkarte der Provence ist, weil die Form der Abbildung des Bildes nicht so ist, daß es auf die Provence als Landkarte bezogen ist. Die Form der Abbildung eines Bildes konstituiert gewissermaßen den Zusammenhang zwischen Bild und Wirklichkeit und ist ihnen, so gesehen, gemeinsam. Die Verifikation eines Bildes besteht in einer Prüfung der Richtigkeit der Abbildung, die in dem Bild vorliegt. Beispiele solcher Verifikationsversuche sind bekannt: Man versteht nach Konsultierung einer Straßenkarte, daß zwischen Krumbach und Weschnitz eine kurvenreiche Strecke von 4 Km Länge liegt, steigt ins Auto, fährt die Strecke ab, stellt fest, daß sie kurvenreich ist und daß sie "in der Tat" 4 Km lang ist.

Sind Propositionen in diesem Sinn Bilder? Betrachten wir die Bedingungen unter denen die Verifikation eines Bildes zu sehen ist: Eine Straßenkarte enthält eine Abbildung der Straßen einer bestimmten Region. Die Form der Abbildung ist gegeben als Projektionsmethode, die nach einem allgemein definierten Verfahren Punkte, die in einer Region bestimmt werden, Punkten in der Karte zuordnet. Ist eine Region kartographisch erfaßt, bestimmt die Projektionsmethode, wie ihr Bild auszusehen hat. Und, weil so bereits vor der Herstellung einer Karte feststeht, wie sie auszusehen hat, ist eine Überprüfung der Richtigkeit der Karte anhand der vermessenen Landschaft, i.e. der Wirklichkeit, möglich. Wer so prüft, rekonstruiert gewissermaßen den Vorgang der Projektion. Er wendet die Regel, nach der Karte vorgeblich hergestellt ist, nochmals an. Kommt er dabei zu demselben Bild, wird er die Karte für korrekt halten. Selbstverständlich ist Irrtum, auch wiederholter Irrtum, möglich, doch das soll im Augenblick nicht inte-

---

77 Nicht alle Bilder setzen eine Form der Abbildung voraus. Ein Bild kann in der Absicht geschaffen worden sein, eine solche Form erst vorzuschlagen, eine bestimmte Sehweise zu kreieren.

ressieren. Wesentlich ist festzuhalten, wie wir bei einer Abbildung über die abgebildete Wirklichkeit verfügen: Sie ist uns nicht unmittelbar, nicht sprachlos gegeben, sondern bereits sprachlich erschlossen, d.h. daß wir bereits darüber verständigt sind, wie hier zu reden ist. Die abzubildende Wirklichkeit ist von uns für uns strukturiert, deshalb können wir in ihr Punkte bestimmen, auf die die Projektionsmethode angewandt werden kann. "Das Bestehen und Nichtbestehen von Sachverhalten ist die Wirklichkeit", schreibt Wittgenstein.[78] Wie sich die Sachen verhalten, d.h. wie unsere Wirklichkeit ist, kann nicht unabhängig von uns als jenen gesehen werden, im Bezug auf die sich Sachen erst verhalten und erst zu Sachen werden. Wir machen sie zu Sachen in unserem Leben. Wie wir das machen, findet Ausdruck in unserer Sprache, i.e. unserer Lebensform. Nur im Bezug auf uns und im Hinblick auf das Spiel, das wir mit unserer Sprache spielen, verhalten sich Sachen. Sachverhalte, ob sie bestehen oder nicht, sind immer Sachverhalte eines Spiels. Unsere Wirklichkeit als Gesamtheit von bestehenden und nichtbestehenden Sachverhalten ist uns durch unsere Sprache gegeben.

Indem wir unsere Sprache erlernten, haben wir gelernt, die Wirklichkeit zu sehen.[79] Richtiges Sehen will gelernt sein: Niemand kann ein Auto sehen, der nicht gelernt hat, was ein Auto ist. Selbst wenn - eine abwegige Annahme - das Auto sich selbst als Auto verstehen würde, wäre es doch nur für den Auto, der im Rahmen eines Sprachspiels weiß, was ein Auto ist. Man kann lernen, was ein Auto ist, indem man lernt, *Auto* richtig zu verwenden, vielleicht auch, indem man lernt, *voiture* oder *car* oder *Kfz* in entsprechenden Sprachspielen zu verwenden, da diese Spiele in mancher Hinsicht verwandt sind. Ohne Sprache kann man es nicht lernen. Wenn aber Sprachen lernen und Sehen lernen eins ist, können wir die Beziehung von Propositionen zu Sachverhalten nicht analog zu der Beziehung zwischen Bild und Abgebildeten verstehen: Gegenstände der Wirklichkeit, Tatsachen der Wirklichkeit sind

---

78 Wittgenstein, 1922, § 2.06.

79 Ich verwende *sehen* hier stellvertretend für jede Art der Wahrnehmung. Selbstverständlich hat ein Blinder die Welt im Zusammenhang mit seiner Sprache anders erfahren gelernt.

keine unabhängige Quelle der Erkenntnis, wenn Propositionen entsprechend ihrer Übereinstimmung mit ihnen als wahr bzw. falsch bewertet werden sollen. Während wir das im Bild dargestellte unabhängig von Bild und Form der Abbildung erkennen können, gelingt die Wahrnehmung von Wirklichkeit nicht unabhängig von den Propositionen, die angeblich Bilder der Tatsachen - auch der negativen Tatsachen - sein sollen. Die Aussage: "Wenn der Sachverhalt besteht, ist die Proposition wahr", ist trivial. Wenn wir in Erfahrung bringen, daß ein Sachverhalt besteht, haben wir damit die Proposition bereits erfaßt und als wahr anerkannt, weil dieses In-Erfahrung-Bringen in Form der Erfassung als Proposition geschieht.

Erst in einer Sprache sind wir über die Welt verständigt. Von Wirklichkeit kann die Rede sein, wenn wir uns auf eine Sprache verständigt haben, denn Wirklichkeit ist, so der Anspruch, nicht einfach, was ich in Erfahrung bringe, sondern was für u n s existiert. Was vor oder ohne Verständigung von Menschen gesehen werden mag - daß sie e t w a s in Erfahrung bringen, will ich nicht bestreiten -, ist nichts, was in unserer Welt der Fall ist. Dazu kann es erst werden, wenn es einen Ausdruck gefunden hat, der die Gemeinschaft zu e i n e r Sicht kommen läßt. Ob e i n e Sicht gefunden wurde, wird sich im gemeinsamen Handeln zeigen: Treten im Handeln keine Mißverständnisse auf, die den Handelnden als solche erkennbar sind, können wir davon ausgehen, daß eine Sicht erreicht worden ist. Ist eine Sicht, und damit eine Redeweise gefunden, wird sie in der Praxis unseres Redens zu d e r Sicht. Vor allem wird sie als d i e Sicht jenen gelehrt, die hinzugeboren werden. Ihnen - wir sind von ihrer Art - fehlt das Wissen um den Prozeß, der zu einer Verständigung geführt hat. Was ursprünglich Konvention ist, verliert seinen Charakter als Konvention und stellt sich als Natur dar, die der Willkür entzogen ist.[80] Es kommt zum Erlebnis d e r Wirklichkeit.[81] Wer

---

80 Siehe hierzu Berger/Luckmann, 1970, 49ff.

81 Meine Wirklichkeit drängt sich mir auf. Ich verfüge über mein Sehen nicht so, daß ich wählen könnte zu sehen, was ich will. Wenn da ein Auto steht, kann nich nicht umhin, es zu sehen. Es sei denn, ich schließe die Augen oder wende mich ab. Sehen

Wirklichkeit so erlebt, kann auf den Gedanken kommen, daß Wirklichkeit als Maß für Wahrheit bzw. Falschheit in Frage kommt. Er hat vergessen oder nie gewußt, daß seine Wirklichkeit ihm genauso sicher ist wie seine Sprache: Wo der Wahrheitswert einer Proposition strittig ist, ist gleichermaßen strittig, was der Fall ist.[82]

Ich habe gesagt: Über Wahrheit bzw. Falschheit einer Proposition entscheiden wir durch Nachschauen in der Welt. Dieses Nachschauen ist nicht als Vergleichen von Bild und Abgebildetem zu verstehen. Was sich mir zeigt, wenn ich nachschaue, ist mir wirklich erst dadurch, daß ich mich mit anderen in einer Sprache verständigt weiß. Anders ausgedrückt: Wenn, was sich mir zeigt, wirklich ist, ist es etwas, worüber ich mit dem Anderen verständigt bin. Nur dann, wenn es wirklich ist, kann es nach den Voraussetzungen der Bildtheorie zur Bewertung einer Proposition als wahr bzw. falsch herangezogen werden. Die Proposition muß mit der W i r k l i c h k e i t übereinstimmen. Das Bild muß mit dem A b g e b i l d e t e n übereinstimmen: Hier ist von Wirklichkeit nicht die Rede.

Wie stelle ich fest, ob die Proposition mit der Wirklichkeit übereinstimmt? Das bloße Nachschauen ist nicht notwendig ein Nachschauen in der Welt, i.e. der Wirklichkeit. Ich kann mir meines Blicks als Blick in die Wirklichkeit nur sicher sein, soweit ich mich mit den Mitgliedern meiner Sprachgemeinschaft verständigt wissen kann. In den Routineangelegenheiten des Alltags weiß ich mich auf Grund vieler Erfahrungen hinreichend mit jenen anderen verständigt, um mich mit gutem Gewissen darauf zu verlassen, daß, was ich sehe, wirklich ist, und bewerte eine in Frage stehende Proposition entsprechend: Ich weiß, ob ich darüber, daß der Fall ist, was der Fall sein muß, damit sie wahr ist, mit den Andern Einverständnis erzielen könnte oder nicht. Wo ich mir des Einverständnisses nicht sicher bin, wo Einspruch gegen ein ver-

---

lernen ist ein Weg ohne Rückkehr; zumindest ist Rückkehr mit äußerster Anstrengung verbunden. Und dieses Ausgeliefertsein an meine Wirklichkeit, verstärkt den Eindruck ihrer objektiven Natur.

82 Siehe hierzu Winch, 1966, 25f.

meintliches Einverständnis von mir signifikanten Andern eingelegt wurde, gelingt es nicht, das, was ich sehe, zur hinreichenden Grundlage für die Bewertung einer Proposition als wahr bzw. falsch zu machen. Ich habe keinen privaten, i.e. sprachfreien Zugang zur Wirklichkeit. Hier kann die Entscheidung über den Wahrheitswert einer Proposition nicht einfach durch Nachschauen geleistet werden, auch nicht dadurch, daß alle von uns nachschauen. Es muß erst eine Verständigung darüber erreicht werden, was sich als wirklich zeigt. Diese Verständigung wird in der Sprache als Einverständnis darüber erreicht, ob die entsprechende Proposition wahr bzw. falsch ist. Wird ein Einverständnis erreicht, ist die Proposition für uns wahr. Umgekehrt: Daß eine Proposition für uns wahr ist, heißt, daß wir Einverständnis darüber erzielt haben, daß der Fall ist, was in ihr als bestehend konzipiert wird.

Einverständnis über die Wahrheit einer Proposition ist immer Einverständnis jener, die daran beteiligt sind. Kann es nicht sein, daß sie insgesamt irren? Es kann wohl sein, aber bevor davon sinnvoll die Rede sein kann, muß jemand da sein, der den Irrtum konstatiert. Man kann sich nicht dagegen versichern, indem man hinter so erreichter Wahrheit noch objektive Wahrheit postuliert. Warum wird für die Wirklichkeit, in der wir zur Verifikation von Wahrheit bzw. Falschheit von Propositionen nachschauen, Objektivität gefordert? Weil man glaubt, daß sonst, was der Fall ist, der je meinem Erkenntnis anheimgestellt bleibt, und damit die Entscheidung über Wahrheit bzw. Falschheit einer Proposition willkürlich wird. Was wahr ist, darf aber nicht der Willkür des Einzelnen überlassen bleiben. Damit es nicht willkürlich oder, wie man sagt, subjektiv bleibt, reklamiert man für Wirklichkeit Objektivität. Indem man dies tut, schießt man über das Ziel, Wahrheit bzw. Falschheit von Propositionen der Willkür von Einzelnen zu entziehen, weit hinaus. In der Tat zeigt, wer von objektiver Wahrheit, absoluter Wahrheit, objektiver Wirklichkeit redet, ein tiefes Unverständnis dessen, was es heißt, daß etwas wahr ist. Was soll es heißen, daß etwas objektiv wahr ist? Entweder es ist wahr oder eben nicht. Wenn es wahr ist, wird es nicht dadurch wahrer, daß man dafür objektive Wahrheit reklamiert. Die Verwendung von *objektiv* in diesem Zusammenhang kann allenfalls affirmativen Charakter haben, so wie man jemand, der Zweifel äußert, versichert, daß auch ganz bestimmt wahr sei, was man gesagt hat. "Das ist objektiv wahr", kann m.E. nur heißen: "Deine Zweifel sind hier nicht angebracht", und das wird mich, wenn ich glaube, zweifeln zu müssen, von meinem Zweifel kaum abbringen.

Was mit der Verwendung von *objektiv* erreicht werden soll, wird bereits durch die Verwendung von *wahr* oder durch die Behauptung erreicht, nämlich die Kundgebung des Urteils, daß eine Proposition wahr ist. Indem ich behaupte, daß Franz das Tor geschossen hat, gebe ich kund, daß für mich feststeht, daß Franz das Tor geschossen hat. Durch diese Kundgebung wird die Proposition, daß Franz das Tor geschossen hat, weder wahr noch falsch. Wenn ich jetzt noch sage, daß es objektiv wahr ist, daß Franz das Tor geschossen hat, ändert sich nichts an dieser Situation.

Zwei Dinge müssen auseinander gehalten werden: Wahr- bzw. Falsch-Sein der Proposition und mein Urteil, daß sie wahr bzw. falsch ist. Die Willkür, die man durch Verwendung von *objektiv* unmöglich machen möchte, besteht im Urteil. Das Wahr-Sein einer Proposition wird durch solche Urteile nicht bewirkt. Allerdings gibt es Gründe, den Einfluß von privaten Urteilen über Wahrheit bzw. Falschheit von Propositionen zu fürchten. Über die Kenntnis von Kundgebungen solcher Urteile haben wir gelernt, was in unserer Welt der Fall ist. Und dies verweist uns auf den Zusammenhang von Proposition und Sachverhalt. Gerade an der Furcht vor privaten Urteilen zeigt sich, daß, was wahr ist, nicht objektiv gegeben ist, sondern bestimmt wird durch das Sprachspiel, in das man eingeübt wird.

Furcht vor der Willkür von Urteilen wäre kaum angebracht, wenn sich uns, was wahr ist, in Betrachtung objektiver Wirklichkeit offenbaren müßte. Wir hätten in der Erkenntnis objektiver Wirklichkeit die Möglichkeit, Fehleinschätzungen, die sich aus Leichtgläubigkeit ergeben, unzweifelhaft zurückzuweisen. Die Existenz objektiver Wirklichkeit wird aber gerade deshalb behauptet, weil die vermeinte objektive Wirklichkeit sich Scheinwirklichkeiten nicht überlegen zeigt. Ihr objektiver Charakter offenbart sich nicht. Sie braucht wie jede Wirklichkeit Propagandisten, die sie unter die Leute bringen: Sie braucht ein funktionierendes Sprachspiel, in dem sie wenigstens jenen Wirklichkeit ist, die dieses

Spiel das ihre nennen. Wenn diese sich nicht damit begnügen, ihre Wirklichkeit als Wirklichkeit zu verstehen, sondern objektiven Charakter für sie beanspruchen, so erklärt sich das daraus, daß sie diese Wirklichkeit bedroht oder nicht überall anerkannt sehen Gegen andere Wirklichkeiten behaupten sie die ihre als objektiv, weil sie glauben, sie nur so als Wirklichkeit halten zu können. Sie sind in naiver Weise auf das fixiert, was nun einmal ihre Wirklichkeit ist. Wenn eine andere Wirklichkeit droht, die ihre in Frage zu stellen, tun sie, was Narren angemessen ist: Sie beharren stur darauf, daß sich die Dinge so verhalten, wie sie ihnen sind, und zwar nicht allein für sie, sondern für alle Welt. Sie verfallen in ihrer einmal gegebenen Wirklichkeit, und damit in ihrem Sprachspiel, in eine Erstarrung, die ein Fortschreiten der Verständigung behindert, die ursprünglich selber in einer Sprache erreicht werden mußte. Die Behauptung: "Aber das ist objektiv wahr", ist kein weiteres Argument. Sie ist Aufkündigung der Bereitschaft zu weiterer Argumentation. Verweise auf objektive Wirklichkeit sind eine Form der Besserwisserei.

Wirklichkeit, soweit sie für uns besteht, ist das, worüber wir verständigt sind. Eine einmal erreichte Verständigung muß nicht notwendig jedermanns Interessen in befriedigender Weise gerecht werden. Was lang wahr ist, kann unbefriedigend werden: Jahrtausende war die Erde Mittelpunkt des Weltalls. Die Menschen waren es zufrieden. Sie hatten hinreichend Evidenz für ihr Verständnis. Sie konnten sehen, daß die Erde festblieb, während die Sonne, der Mond, die Sterne sich bewegen. Irgendwann kam jemand auf die Idee, das könnte alles ganz anders sein. Was er da ausdachte, war im Grund ziemlich unvernünftig, versucht man es aus seiner Zeit heraus zu verstehen.[83] Es hat lang gebraucht, bis es sich als d i e Sicht durchgesetzt hatte, bis es uns Wirklichkeit geworden ist. Heute sind wir gewohnt, die Sache anders zu sehen. Freilich glauben wir sie nicht einfach anders, sondern besser, vor allem richtiger. Besser mag sie sein, wenn man un-

---

83 "La Trêmouille: 'And who the deuce was Pythagoras?' The Archbishop: 'A sage who held that the earth is round, and that it moves round the sun.' La Trêmouille: 'What an utter fool! Couldn't he use his eyes?'" Shaw, *Saint Joan*, Scene II.

sere Lebensform zugrunde legt, aber damit wird man dem Problem nicht gerecht: Für andere Kulturen kann es gleichgültig sein, was sich da worum dreht, und unsere Kultur ist, was sie ist, eben deshalb, weil sie bestimmte Annahmen gemacht hat. In jedem Fall geht es zu weit, wenn behauptet wird - und es wird behauptet -, daß die Theorie, nach der sich die Erde um die Sonne und um sich selbst dreht, richtiger als die Theorie ist, nach der sich alles um die Erde dreht. Damit wird, wenn nicht gleich objektive Wahrheit, so doch Fortschritt in Richtung auf eine solche reklamiert, ohne daß jemals ein Beweis dafür angetreten wurde. Tatsächlich ist die alte Theorie niemals widerlegt worden.[84] Sie wurde unmodern. Sie paßte nicht mehr zu den neuen Sachverhalten, die man jetzt für bestehend hielt. Auch für diese Theorie wurde Objektivität reklamiert. Wir lachen darüber. Andere werden über uns lachen.

Relativität von Wahrheit ist nicht so zu verstehen, daß wir darüber, was uns Wirklichkeit ist, frei verfügen können: Als u n s e r e Wirklichkeit ist sie der Willkür Einzelner entzogen. Und wir sind in dem, was wir als wahr betrachten wollen, dem Zusammenhang der Sachverhalte, die unsere Welt ausmachen, verpflichtet. Wir können über Wahrheit bzw. Falschheit einer Proposition nicht nach Belieben befinden, ohne die in unserer Sprache erreichte Verständigung zu gefährden.[85]

Jede Proposition ist notwendig Proposition in einem Sprachspiel. Ihr Wahrheitswert wird von den Regeln dieses Sprachspiels bestimmt: Die Regeln einer Sprache bestimmen, was, unter welchen Bedingungen, wovon zurecht gesagt werden kann. Sie sind, was als Verständigung erreicht ist. Wir müssen sie in Rechnung stellen, wenn wir über den Wahrheitswert einer Proposition entscheiden, weil wir nur über sie Kenntnis von der Proposition haben. Hieraus erklärt sich der Eindruck, daß, was uns Wirklichkeit ist, unserer Willkür entzogen ist: In den Regeln des Sprachspiels ist

---

84 Dies hat vor allem Feyerabend betont. Siehe etwa Feyerabend, 1970, ders. 1972, auch Winch, *Understanding a Primitive Society*, in Winch, 1972, 8-49.

85 Siehe hierzu 2.4.

gewissermaßen vor dem Urteil bereits ausgemacht, was wahr bzw. falsch ist.

Mit einem Sprachspiel ist Wirklichkeit gegeben, und die ist im Sprachspiel nicht willkürlich. Willkürlich ist das Sprachspiel insgesamt. Bei der Verständigung auf eine Sprache sind wir darauf aus, eine Form des Zusammenlebens zu finden. Die Existenz verschiedener Kulturen zeigt, daß verschiedene solcher Formen erreichbar sind. Keine dieser Formen ist abgeschlossen. Sie ist Ausdruck dessen, was von einer bestimmten Gemeinschaft in einem geschichtlichen Prozeß bis zu dem gegebenen Zeitpunkt an Verständigung erreicht worden ist. Mit der Aussage: "Das ist wahr", wird bestätigt, was bislang erreicht werden konnte. Treffen - aus welchen Gründen auch immer - Menschen aufeinander, die bislang verschiedene Sprachen haben, kann es zunächst für sie verschiedene Wahrheiten geben. Wenn sie darauf angewiesen sind zusammenzuleben, wird dieser Zustand auf die Dauer nicht tragbar sein. Sie müssen zu e i n e r Sprache kommen. Und dazu kommen sie, wie ihre Vorfahren - und Vorvorfahren usw. - einst zu der Sprache gekommen sind, die zunächst die jeweils ihre ist. In diesem Prozeß sind Entscheidungen über die Wahrheit bzw. Falschheit einer Proposition gleichsam Etappen auf dem Weg zu einer Sprache. Die Suche nach Wahrheiten ist die Suche nach einer Sprache, einer Welt.

Wo e i n e Sprache noch nicht erreicht wurde, ist über Wahrheit bzw. Falschheit einer Proposition nicht entschieden. Es ist nicht einmal davon auszugehen, daß, was zur Entscheidung ansteht, in dem definierten Sinn eine Proposition für alle ist, die an einer entsprechenden Auseinandersetzung beteiligt sind. Manche können vielleicht, was vorgebracht wird, zunächst nicht verstehen, d.h. sie wissen nicht nur nicht, ob es wahr bzw. falsch ist, sondern sie wissen auch nicht, was der Fall wäre, wenn es wahr wäre. Mit ihnen muß erst eine Verständigung über einen Gebrauch der einschlägigen Ausdrücke erzielt werden. Wenn es dann dahin gekommen ist, daß eine Entscheidung über den Wahrheitswert möglich ist, heißt das, daß ein weiteres Stück Verständigung erreicht ist. Es dahin zu bringen, bedarf jener Kunst, die wir Beweisen nennen. Man muß, so mühsam das sein mag, für das, was man glauben machen will, einen Anschluß im Denken des jeweils Anderen suchen. Es muß ihm "in den Kram passen". Er muß zufrieden sein, daß sich die Dinge so verhalten, wie sie ihm nahegebracht werden sollen: Wahr ist für uns allemal das, womit wir zufrieden sind, weil es uns so zusammenleben läßt, wie wir uns das - warum auch immer - wünschen.

## 2.5 Formen der Beweisführung

Herr Meyer wird beschuldigt, den Safe der Firma Krause ausgeraubt zu haben. Indem man ihn dessen beschuldigt, behauptet man auch, d a ß Herr Meyer den Safe ausgeraubt hat. Dies kann wahr sein oder falsch. Ob es wahr ist, wird vermutlich ein Mann sofort sagen können: Herr Meyer. Wenn wir herausfinden wollen, ob es wahr ist, könnten wir daran denken, ihn als die Person zu fragen, die in diesem Fall am besten Bescheid weiß. Wahrscheinlich werden wir das nicht tun. Wenn wir es tun sollten, wären wir nicht unbedingt geneigt, der Auskunft von Herrn Meyer Glauben zu schenken. Die Tatsache, daß wir selbst einer Person, die wir für unbedingt kompetent halten, eine Proposition richtig zu bewerten, unter gewissen Umständen nicht glauben, verweist uns darauf, daß die Entscheidung, ob eine Proposition wahr oder falsch ist, von den Interessen der Personen abhängig ist, die von dieser Entscheidung betroffen sind. Wenn wir uns im Rahmen einer theoretischen Untersuchung mit Wahrheitsfindung befassen, kann es geschehen, daß wir, da wir keine Interessen bei der Bewertung von als Beispiel ausgewählten Propositionen haben, nicht beachten, daß in der täglichen Praxis das Interesse an Wahrheitsfindung von anderen Interessen kontrolliert wird. Es mag sein, daß jeder Mensch daran interessiert ist, in jedem Fall die Wahrheit herauszufinden. Sicher haben wir aber nur bedingt Interesse daran, daß in jedem Fall öffentlich bekannt wird, was wahr ist und was nicht Insbesondere sind wir oft daran interessiert, daß Bestimmtes für wahr und Bestimmtes für falsch gehalten wird, unabhängig davon, ob es wirklich, und das heißt einfach: unserer Auffassung nach, wahr oder falsch ist.

Wenn wir davon ausgehen, daß Interesse an Wahrheitsfindung so weit reicht wie das Interesse, daß das wahr ist, was einem genehm ist, müssen wir fragen, ob wir den Verfahren, die bei Versuchen zur Wahrheitsfindung Anwendung finden, trauen können. In der Tat gibt es und gab es Methoden, eine Entscheidung über die Wahrheit bzw. Falschheit von Propositionen herbeizuführen, die in dieser Hinsicht fragwürdig sind. Indem wir dies feststellen, weisen wir darauf hin, daß es zumindest eine Methode der Wahrheitsfindung geben muß, die, richtig durchgeführt, zu richtigen Entscheidungen führt. Damit wir in der Lage sind, bestimmte Formen der Wahrheitsfindung als falsch oder unzureichend zu qualifizieren, müssen wir sehen, welche Möglichkeiten bestehen, Wahrheit zu finden oder zu erkennen, wie sie gefunden werden könnte.

Es gibt Anzeichen dafür, daß Wahrheitsfindung möglich sein muß, die nicht von Interessen anderer Art als dem, Wahrheit zu finden, verzerrt ist: Die Tatsache, daß jedermann bemüht ist, andere zu überzeugen, daß, was er behauptet, wahr ist. Wenn prinzipiell unmöglich wäre, Wahrheit zu finden, wenn immer nur als Wahrheit ausgegeben würde, was bei Abwägung aller betroffenen Interessen als opportun erkannt würde, hätte es keinen Sinn, von Wahrheit zu reden. Wir können aber darauf nicht verzichten, wenn unser Sprachspiel nicht zusammenbrechen soll. Wenn wir davon ausgehen, daß wahr jeweils das ist, was opportun ist, müssen auch die Regeln des Sprachspiels jeweils einem Konsensus der Spieler anheimgestellt werden. Ich möchte dies anhand eines Beispiels kurz erläutern: Nach allem, was wir von unserer Welt wissen, ist die Proposition, daß Richard Nixon auf einem blau-weiß karierten Elephanten zur Schule geritten ist und den Elephanten dort in die Westentasche gesteckt hat, falsch. Warum sie falsch ist, tut nichts zur Sache. Es wäre denkbar, daß wir von einer Macht gezwungen übereinkämen, was mit der Äußerung von

(1) Richard Nixon ist auf einem blau-weiß karierten Elephanten zur Schule geritten und hat diesen dort in seine Westentasche gesteckt.

behauptet werden kann, als wahr zu betrachten. Dadurch, daß wir eine Proposition, die falsch ist, als wahr ausgeben, wird sie als Proposition unseres Sprachspiels nicht wahr. Wir haben durch die neue Konvention ein neues Sprachspiel eingeführt. In diesem Sprachspiel ist, was mit (1) wahr behauptet wurde, erst eine Proposition. In unserem Sprachspiel ist so wenig möglich, (1) wahr zu behaupten, wie im Schachspiel möglich ist, mit einem

Bauern eine Figur zu schlagen, die sich vor ihm befindet. Es ist selbstverständlich möglich, die Regeln des Schachspiels so zu ändern, doch das Spiel, das dabei entsteht, ist nicht mehr das Schachspiel.

Der Witz von Versuchen, etwas als wahr bzw. falsch auszugeben, liegt nicht darin, daß man versucht, die Regeln unseres Sprachspiels zu ändern. Die diesbezüglichen Akte sind durchaus intendiert als Handlungen dieses Spiels. Der Witz ist, daß man versucht, im Rahmen des Spiels einen besonders gelungenen Zug zu machen, und, wenn dies auf regelgerechte Weise nicht möglich erscheint, ein Betrugsmanöver macht. Betrug im Spiel ist nur unter der Voraussetzung der Gültigkeit der Spielregeln möglich. Für unser Sprachspiel kann dies am Beispiel des Lügens gezeigt werden. Nur weil die lügnerische Behauptung einer Proposition aufgrund der Regeln des Spiels als regelgerechter Akt des Behauptens verstanden werden kann, kann sie eine Lüge sein. Der Sinn der Lüge liegt gerade darin, daß sie nicht als solche bekannt wird, sondern als ordentlicher Spielzug gilt.[86]

Um auf Herrn Meyer zurückzukommen: Welche Handlungsmuster spielen bei der Wahrheitsfindung im Fall Meyer unter Umständen eine Rolle? Welche Kriterien haben wir, darüber zu entscheiden, ob, was als Beweis zählen soll, tatsächlich ein Beweis ist? Man kann sich eine Entscheidung über Wahrheit bzw. Falschheit der Proposition, daß Herr Meyer den Safe der Firma Krause ausgeraubt hat, auf verschiedene Weise herbeigeführt denken. Ich möchte im folgenden einige Möglichkeiten kurz darstellen und diskutieren. Namen helfen, eine Untersuchung übersichtlich zu machen. Ich will für die Formen der Wahrheitsfindung, die ich untersuchen möchte, Namen einführen, die andeuten, welche Art Wahrheitsfindung gemeint ist:

(i) Autoritätsbeweis
(ii) Gottesurteil
(iii) Zufallsentscheidung
(iv) wissenschaftlicher Beweis
(v) logischer Beweis

---

86 Siehe hierzu Strecker, 1975, 11f.

Dies sind in weitem Sinn Beweisformen, wobei als Beweis etwas verstanden wird, was Glauben schafft. Ich sage bewußt nicht: schaffen muß. Daß Beweise das Glauben notwendig machen, ist eine alte, aber irrige Auffassung, eng verbunden mit einem bestimmten Verständnis von Logik. Logik ist danach etwas Unerbittliches, das uns zwingt, bestimmte Zusammenhänge in unserer Welt auf bestimmte, eben auf logische Weise zu sehen. Beweise sind Handlungen, die uns, was wir nicht von selbst so erkennen, zwingend als richtig vorführen. Mit dieser Auffassung ist oft ein bestimmter Habitus verbunden. Wer beweisen so versteht, wird in entsprechender Situation eher als andere dazu neigen zu sagen: "So und so verhält es sich. Der Beweis dafür geht so und so. Wer ihn versteht, muß sehen, daß es so und so ist. Wer dies nicht sieht, hat den Beweis nicht verstanden." Hier wird Beweisen als monologisches Handeln verstanden. Ein solches Verständnis ist mit der kommunikativen Funktion von Beweisen nicht vereinbar. Wozu werden Beweise gemacht? Um jemand zu zeigen, daß eine gegebene Proposition wahr bzw. falsch ist. Um ihm das Wahr- bzw. Falsch-Sein der Proposition sichtbar zu machen. Wenn dies das Ziel von Beweisen ist, müssen Beweise an den Adressaten orientiert sein, an die sie gerichtet werden. Was für diesen ein Beweis ist, muß kein Beweis für jenen sein. Ob etwas ein Beweis für jemand ist, muß sich daran zeigen, ob er dies so versteht. Man mag sagen, daß der Beweis, den wir jemand für etwas geben wollen, ihn dazu zwingen *soll*, das so zu sehen, was wir ihm zeigen wollen. Worin äußert es sich, daß der Beweis ihn zwingt? Wittgenstein hat die Frage gestellt und sie so beantwortet:[87]

> Doch darin, daß ich so und so vorgehe, daß ich mich weigere, einen anderen Weg zu gehen. Als letztes Argument gegen Einen, der so nicht gehen wollte, würde ich nur noch sagen: "Ja siehst du denn nicht ...!" - und das ist doch kein *Argument*.

Als Autoritätsbeweise verstehe ich Entscheidungen über Wahrheit bzw. Falschheit von Propositionen, die in der Entscheidung einer Person begründet sind, die - aus welchen Gründen auch immer

---

87 Wittgenstein, 1967, 13. Siehe auch Strecker, 1974.

- hinreichend Autorität besitzt, ihre Entscheidung als d i e Entscheidung verbindlich zu machen.[88] Ein Autoritätsbeweis wird geführt, indem man die Entscheidung der Autorität über Wahrheit bzw. Falschheit einer Proposition als richtig setzt, ohne Rechtfertigung für diese Entscheidung zu fordern. Diese Form des Beweisens erscheint uns anrüchig, obwohl sie nicht notwendig schlecht, ja sogar, wie zu zeigen sein wird, in vielen Bereichen unverzichtbar ist. Beweise, die durch Rekurs auf die Entscheidung einer Autorität geführt werden, erscheinen fragwürdig, weil in ihnen unkontrolliert die Interessen desjenigen die Wahrheitsfindung beeinflussen, der die Entscheidung trifft. Im Fall von Herrn Meyer könnte es z.B. sein, daß die Autorität ein Interesse daran hat, Herrn Meyer ins Gefängnis zu bringen, etwa um mit seiner Frau ein Verhältnis anzufangen. Beispiele für solches Verhalten sind aus Geschichten und Filmen zur Genüge bekannt. Wenn die Autorität, sagen wir, Herr Krause, der Chef von Herrn Meyer, solche Interessen hat, dann könnte die Entscheidung zu ungunsten von Herrn Meyer ausfallen, ganz unabhängig davon, ob dieser die Tat wirklich begannen hat oder nicht.

Vorbehalte gegen Autoritätsbeweise sind durch schlechte Erfahrungen begründet. Wenn wir sagen, sie seien keine Beweise, dann ist das korrekt, so weit gemeint ist, sie seien u n s keine Beweise. Wir sind in keinem Fall gezwungen, Autoritätsbeweise als Beweise gelten zu akzeptieren. Man mag uns zwingen, uns so zu verhalten, als sei etwas bewiesen worden, doch dieser Zwang erreicht nur unser offenes Verhalten, nicht unser lautloses Urteil. Bei allen Vorbehalten gegen Autoritätsbeweise sollten wir diese Form des Beweisens nicht pauschal zurückweisen. Immerhin stellt sie eine nützliche Form der Arbeitsteilung dar. Im Autoritätsbeweis wird die Arbeit, die mit Beweisfindung verbunden ist, anderen überlassen. Die Arbeitserleichterung, die sich dabei ergibt, muß damit erkauft werden, daß man sich dem Urteil anderer ausliefert. Wer dazu nicht bereit ist, muß die ganze Arbeit selbst machen. Abgesehen davon, daß er, wie wir noch sehen

---

88 Die Bezeichnung "Autoritätsbeweis" ist bewußt doppeldeutig. Indem man die Entscheidung einer Autorität erfolgreich als Beweis einsetzt, beweist man zugleich die Autorität der Autorität.

werden, dazu prinzipiell nicht in der Lage ist, bedeutet dies unglaublichen Aufwand. Wie groß der Aufwand ist, können wir ermessen, wenn wir uns vorstellen, wir wären vom heutigen Tag an gezwungen, alles und jedes, was uns als Proposition gegeben wird, ohne fremde Hilfe auf seine Wahrheit hin zu überprüfen. Wir würden in einer solchen Welt des totalen Mißtrauens vermutlich wahnsinnig werden.

In der Tat zwingen uns nicht nur technische Probleme, immer wieder Autoritätsbeweise zu akzeptieren. Nur weil wir zu einer Zeit, in der wir an Mißtrauen noch nicht denken konnten, Autoritätsbeweise akzeptiert haben, konnten wir das Sprachspiel erlernen, in dem wir selbst Beweise führen können. In der Spracherlernung wurde uns unsere Welt als die eingetrichtert, die sie uns heute in vielen Bereichen noch ist. Wir haben gelernt, was der Fall ist. Man hat es uns gesagt: "Das ist ein Tisch", "Das ist eine Blume" usw.[89] Und was man sagte, war richtig. Es konnte gar nicht anders für uns sein. Wir hatten ein Spiel zu lernen, und, wer ein Spiel erst lernen will, kann nicht mit jenen, die ihn lehren, darüber rechten, ob sie ihn auch richtig lehren. In der Spracherlernung ist die Situation noch verschärft: Das Kind als Lernender hat nicht die Möglichkeit, sich dagegen zu wehren, daß es gerade dieses Spiel beigebracht bekommt und nicht eines der vielen anderen.

Autoritätsbeweise sind für Lernende zunächst nicht hintergehbar. Der Grund dafür ist, daß, was sie zu lernen haben, notwendig von einer Autorität gelernt werden muß. Sie müssen eine Kompetenz für ein Spiel erwerben. Ein solches Spiel kann z.B. eine Wissenschaft sein. Sie können diese Kompetenz nur über Explikation und Demonstration der Kompetenz einer oder mehrerer anderer Personen erwerben, die das Spiel bereits beherrschen. Das Spiel existiert nicht unabhängig von den Kompetenzen seiner Spieler. Es hat wenig Sinn, von Spielen zu reden, die kein Mensch kennt. Wie könnte ein solches Spiel aussehen? Wenn man es beschreiben kann, kennt man es in gewissem Sinn bereits. In dem Maß aber, in

---

89 Selbstverständlich haben wir unsere Sprache nicht nur über solche Sätze gelernt. Was ich hier sage, ist nur als Illustration zu verstehen.

dem ein neuer Spieler eine Kompetenz erworben hat, werden Autoritätsbeweise für ihn hintergehbar. Sie sind u.U. keine Beweise mehr für ihn. Das verweist uns auf eine allgemeine Eigenschaft des Beweisens: Es ist Manifestation von Kompetenz.

Was wir als Autoritätsbeweise beschrieben haben, ist im Grund von anderen Beweisen nicht verschieden. Wenn es uns verschieden erscheint, liegt das nicht an der Form des Beweises, sondern an der Disposition derer, denen er Beweis ist. Sie verzichten - freiwillig oder durch mangelhafte Kompetenz gezwungen - darauf, den Beweis auf seine Stimmigkeit hin zu überprüfen. Wird dagegen ein Beweis, der einem gegeben werden soll, auf seine Richtigkeit untersucht, heißt dies, daß der Adressat des Beweisens sich selbst der Aufgabe unterzieht, den Beweis zu führen, wobei ihm der Beweisversuch, der ihm vorgelegt wurde, als heuristisches Mittel für eigene Beweisführung dient. Wir werden unten noch darauf zu sprechen kommen, was es bedeutet, daß man einen Beweisversuch eines anderen als heuristisches Mittel gebraucht, um einen Beweis für sich selbst zu führen. Wir können feststellen, daß, was einem Beweis ist, immer ein Autoritätsbeweis ist, nur daß im Fall einer Überprüfung fremder Beweisführungen oder sonstiger eigener Beweisführungen die Autorität, auf deren Entscheidung man sich verläßt, die eigene Kompetenz ist, der man vertraut, weil man sicher sein kann, daß die Entscheidung, die man getroffen hat, nur von eigenen Interessen beeinflußt ist.

Eine Kritik der Autoritätsbeweise wird sinnvollerweise diese Beweisform nicht allgemein zurückweisen. Schließlich ist nicht einzusehen, warum man seinem Freund, seinem Lehrer, seinem Abgeordneten in jedem Fall mißtrauen sollte. Wenn ich jemand frage, wieviel Uhr es ist, und er mir sagt, es sei genau 15.48 Uhr, werde ich nicht ohne guten Grund die Mühe auf mich nehmen, seine Aussage zu überprüfen. Ich glaube ihm, d.h. für mich ist es 15.48 Uhr. Die Kritik der Autoritätsbeweise muß dort ansetzen, wo Leichtfertigkeit im Umgang mit guten Gründen festzustellen ist. Man muß darauf achten, wem man was wann glauben darf. Das "cui bono" muß berücksichtigt werden, will man nicht Gefahr laufen, aus Leichtgläubigkeit hinters Licht geführt zu werden. Diese Warnung ist nicht nur so zu verstehen, daß man selbst vorsichtiger werden sollte. Ebenso wichtig ist es, dafür zu sorgen, daß andere nicht leichtfertig sind, die wesentlich dieselben Interessen haben wie man selbst. Um dies zu zeigen, möchte ich wieder auf Herrn Meyer zu sprechen kommen: Angenommen, Herr Krause hat die Absicht, Herrn Meyer ins Gefängnis zu bringen, um ihn aus dem Weg zu räumen, und hat selbst den Einbruch in seine Firma so arrangiert, daß Herr Meyer verdächtigt werden soll. Herr Meyer ahnt dies und unterrichtet seinen Verteidiger. Der Verteidiger hat die Aufgabe, das Gericht überzeugend darauf hinzuweisen, daß Herr Krauses Aussagen mit Vorsicht zu genießen sind, da er ein Interesse daran hat, daß Bestimmtes als Wahrheit betrachtet wird. Das Gericht muß darauf hingewiesen werden, daß es Aussagen von Herrn Krause nicht einfach als Beweise bewerten sollte, was es, wenn Herr Krause als Augenzeuge auftritt, wahrscheinlich getan hätte. Würde Herr Meyer seine Vermutung - ein guter Grund für Mißtrauen gegenüber Krauses Aussagen - für sich selbst behalten, könnte es geschehen, daß das Gericht ihn in verständlicher Leichtfertigkeit wegen Einbruch verurteilt. Resumierend kann man sagen, daß wir, mit Autoritätsbeweisen konfrontiert, darauf achten sollten, ob Autorität ausgenutzt wird, um Interessen durchzusetzen, die den unseren nicht förderlich sind. Verzichtbar sind Autoritätsbeweise nicht.

Die Bezeichnung "Gottesurteil" klingt vielleicht etwas pathetisch. Ich habe sie gewählt, um die Ähnlichkeit dieser Beweisform mit mittelalterlichen Gottesurteilen anzudeuten. Charakteristikum dieser Beweisform ist, daß die Entscheidung über Wahrheit bzw. Falschheit einer Proposition sich an Verhalten und Erfahrungen von Personen orientiert. Eine krude Form eines solchen Beweises läge etwa vor, wenn Herr Krause behauptet, Meyer habe seinen Safe ausgeraubt, alsdann in Ohnmacht fällt, und dies als Beweis dafür gewertet würde, daß er die Unwahrheit gesprochen hat. In dieser Form kommen solche Beweise kaum vor, auch wenn Redewendungen wie *beim Leben meiner Mutter; wenn das nicht stimmt, soll mich der Teufel holen; wenn das nicht stimmt, soll mich der Schlag treffen* nach wie vor zur Bekräftigung des Wahrheitsanspruchs vorgebracht werden, der mit der Behauptung einer Proposition verbunden ist. Es ist aber im Alltag unserer aufgeklärten Lebensform durchaus üblich, von der äußeren Erscheinung einer Person auf Wahrheit bzw. Falschheit dessen zu schließen, was sie behauptet hat. Solche Schlüsse sind formal völlig korrekt.[90] Wenn sie zu fragwürdigen Ergebnissen führen, dann deshalb, weil ihnen fragwürdige Hypothesen zugrunde liegen. Wie im Fall der Autoritätsbeweise gilt, daß solche Beweisführungen in der Praxis durchaus sinnvoll sein können.

Die allgemeine Form der Hypothesen, die solchen Urteilen zugrunde liegen, ist: Wenn jemand wahr behauptet, daß so und so, zeigt er dabei ein bestimmtes, hierfür charakteristisches Verhalten. Ebenso zeigt er, wenn er dies falsch behauptet, eine bzw. mehrere charakteristische Verhaltensweisen. Man nimmt an, daß für Menschen gilt, was von dem Holzmännchen im Märchen gilt,[91] nämlich, daß man ihnen ansehen kann, ob sie die Wahrheit sagen oder nicht. Für diese These gibt es eine gewisse Evidenz, die in Erfahrungen wie der folgenden gründen kann: Man will einen Bekannten besuchen. Der kleine Sohn des Bekannten öffnet und teilt mit, sein Vater sei nicht zu Hause. Dabei ist er den Tränen nah. Man ist ziemlich sicher, daß nicht wahr ist, was der Junge gesagt hat. Man bittet den Jungen, seinen Vater zu fragen, wann er zurückkommt. Der Junge bemerkt die Falle nicht, geht ins Zimmer und sagt laut: "Papa, der Mann will wissen, wann du zurückkommst."

Man kann bei Personen, die man kennt, oft einschätzen, wann sie die Wahrheit sagen, wann sie lügen. Wenn sie zudem in einer

---

90 Dies zu betonen, scheint mir wichtig, weil oft angenommen wird, solche exotische - oft einfach veraltete - Formen seien logisch fehlerhaft. In der Tat handelt es sich dabei um andere Denksysteme oder Sprachspiele - zum Teil hermetischen Charakters, die sich uns gewohnter Falsifikation entziehen und die wir nicht verstehen, weil wir nicht so sehen gelernt haben, weil anderes für uns Evidenz ist als für die Mitglieder solcher Lebensformen. Der Eindruck, es handle sich bei solchen Denksystemen um inzwischen offensichtlichen Unsinn, ist darauf zurückzuführen, daß wir nichts oder zu wenig davon wissen. Wo wir schlichten Unsinn vermuten, sind oft hoch entwickelte Systeme der Verifikation zu finden. Ein Beispiel dafür sind die Hexenprozesse des ausgehenden Mittelalters. Siehe hierzu Zilboorg, 1935. Beispiele ausgefeilter Beweisführung bzw. Widerlegung auf der Grundlage uns wesentlich unverständlicher Annahmen bietet auch Franciscus de Victoria in *De Indis Recenter Inventis et De Jure Belli Hispanorum in Barbaros*, Victoria, 1952.

91 Ich meine das Holzmännchen Pinocchio. Pinocchio macht jedesmal, wenn er gelogen hat, eine Erfahrung: Seine Nase beginnt zu wachsen. Mit jeder Lüge wird sie länger.

Position sind, in der sie wissen müssen, was der Fall ist, kann man, wenn man das Verhalten einer Person richtig einschätzen kann, zur Erkenntnis über Wahrheit bzw. Falschheit von Propositionen kommen. Es kann lebenswichtig sein, die entsprechende Fähigkeit zu besitzen: O'Hara betritt ein Restaurant in Londonderry. In dem Restaurant befindet sich eine Person, die O'Hara nicht kennt. Es könnte der Kellner sein. Die Sache ist ihm nicht geheuer. Er fragt: "Stimmt etwas nicht?" Der andere: "Aber nein, mein Herr, alles in Ordnung. Setzen Sie sich ruhig hin, ich bringe ihnen die Karte." Während er dies sagt, bricht ihm der Schweiß aus Er macht Anstalten, sich zu verdrücken. O'Hara versteht. Er ist vor ihm aus dem Lokal. Gleich darauf detoniert eine Bombe.

Die Fähigkeit, Gottesurteile richtig einzuschätzen, ist überaus komplex. Was mußte O'Hara können und wissen, um aus dem Verhalten des anderen darauf schließen zu können, daß keineswegs alles in Ordnung war? Er mußte über die allgemeine politische Lage in seinem Land informiert sein. Daß er es war, erscheint uns selbstverständlich, aber es ist denkbar, daß er darüber nichts gewußt hätte. In diesem Fall hätte er das Verhalten des anderen vielleicht so verstanden, daß dieser etwas gestohlen hätte, und hätte versucht, ihn festzuhalten. Er mußte das Verhalten des anderen als Fluchtverhalten verstehen, insbesondere, daß die Flucht sehr schnell zu erfolgen hatte. Weiterhin mußte er wissen, daß der andere ein Interesse daran haben könnte, daß er, O'Hara, mit in die Luft geht. Er mußte in der Lage sein, am Verhalten eines anderen zu erkennen, ob dieser ihn für einen von der anderen Seite hält oder nicht. Ich kann nicht erklären, wie und warum wir so etwas können. Wir können es eben.

Wesentlich ist festzuhalten, daß wir, um aus dem Verhalten anderer zu schließen, was der Fall ist oder nicht, viel wissen müssen über diese Personen, darüber, was sie wissen und darüber, was sie glauben, daß wir wissen. Solches Wissen können wir durch jahrelanges Zusammenleben mit anderen erwerben. Ohne ausreichendes Wissen kann es zu peinlichen, gefählichen Fehlschlüssen kommen. Genau dies wird aber mit dem sogenannten Lügendetektor versucht. Dieses Gerät wird dazu eingesetzt festzustellen, ob man den Aussagen einer Person zu einem bestimmten Komplex trauen kann. Befürworter dieses Geräts, das in den USA verwendet wird,[92] glauben, in ihm über ein Verfahren zu verfügen, das erlaubt, objektiv zu entscheiden, ob ein Mensch lügt oder nicht, und damit in gewissen Fällen, etwa, wenn die Testperson der Mittäterschaft beschuldigt wird, objektiv über Wahrheit bzw. Falschheit von Propositionen entscheiden zu können. Begründet ist dieser Glaube vermutlich darin, daß man von den technischen Geräten, die bei solchen Tests verwendet werden, beeindruckt wird: Bei soviel Apparatur muß objektiv sein, was gefunden wird. Elektronische Geräte haben kein Interesse, etwas anderes als die Wahrheit zu finden.

Die Grundidee bei der Verwendung eines Lügendetektors ist, daß Lügen mit dem Auftreten meßbarer Veränderungen des physischen Befindens verbunden ist, etwa mit Schweißausbrüchen, Ansteigen des Blutdrucks, Ansteigen des Adrenalingehalts usw. Da man weiß, daß ein "ausgekochter" Ganove unverfroren lügen kann, versucht man, sich über ein Netz speziell ausgearbeiteter Fragen ein Bild von dem Lügenverhalten der Testperson zu machen. Das Verfahren wird dadurch begünstigt, daß viele Testpersonen glauben, die Maschinerie sei tatsächlich in der Lage, sie der Lüge zu überführen. Dies wird dadurch unterstützt, daß den Testpersonen ständig suggeriert wird, daß sie keine Chance haben, mit einer Lüge durchzukommen. Die Funktion des Lügendetektors besteht im Grund darin, die Testperson zu bluffen. Die Testperson wird verhört, so wie dies schon immer gemacht wurde. Ziel ist, ein Geständnis zu erreichen. Die Daten, die der Beamte, der die Untersuchung leitet, über die Maschine erhält, sind an sich wertlos, weil sie über die Beobachtung von Symptomen gewonnen wurden, die nicht eindeutig mit einer bestimmten Disposition der Testperson in Verbindung gebracht werden können. Die entscheidende Leistung muß von der testenden Person erbracht werden. Sie ist dabei in derselben Lage wie jeder, der von dem Verhalten einer Person auf ihre Glaubwürdigkeit schließen will. Der Testleiter muß die Testperson verstehen. Das Ergebnis des Tests ist subjektiv wie das jedes ande-

92 In den USA verwendet man den Lügendetektor nur, wenn ein Beschuldigter oder ein Zeuge dies wünscht. Die Ergebnisse des Tests dürfen nur berücksichtigt werden, wenn sie für die Testperson sprechen.

ren Verhörs. Der Wert des Tests hängt von der Kompetenz der Personen ab, die ihn ausgedacht haben und auswerten. Wenn sie die Testperson nicht verstehen, werden sie falsche Schlüsse ziehen.

Das Problem, die Testperson zu verstehen, ist wesentlich ein Sprachproblem. Man muß das Sprachspiel der Testperson kennen, sonst kann es geschehen, daß man ihre Aussagen und Reaktionen auf Aussagen falsch interpretiert. Man kann sich folgenden Fall denken:[93] Eine Testperson wird gefragt, ob sie jemals in ihrem Leben gestohlen hat. Ohne das Anzeichen des erwarteten Lügeverhaltens antwortet sie: "Nein, niemals." Der Testleiter "weiß", daß die Testperson lügt. Er hat Akten vorliegen, die beweisen, daß sie schon mehrmals bei Ladendiebstählen ertappt wurde. Aber er macht einen entscheidenden Fehler: Er glaubt, daß die Testperson *stehlen* genauso verwendet wie er selbst. Die Testperson hat nicht gelogen. Stehlen heißt für sie, Banken ausrauben, Safes knacken. Was der Testleiter noch als Stehlen versteht, nämlich Lebensmittel entwenden, ist für die Testperson kein Stehlen. Sie verwendet zur Bezeichnung solcher Handlungen vielleicht *klauen, finden, einstecken.* Die Beweisform Gottesurteil, auf heutige Verhältnisse angewandt besser: Naturuteil, ist die eines indirekten Beweises. Direkt wird erkannt, daß eine Person, wenn sie dies und dies behauptet, lügt oder nicht. Wenn dies als Tatsache betrachtet wird, kann daraus abgeleitet werden, daß, wenn diese Person wissen muß, ob wahr ist, was sie behauptet, dies wirklich wahr, bzw. falsch ist. Die Berücksichtigung solcher Beweise ist sinnvoll auf der Grundlage des Verstehens. Man kann nicht beurteilen, ob jemand lügt oder nicht, wenn man nicht versteht, was er behauptet, insbesondere dann nicht, wenn der andere weiß, daß man ihn nicht versteht. Wenn man aber, um solche Beweise nutzen zu können, die Sprache des anderen verstehen muß, zeigt sich, daß richtiges Urteilen über Wahrheit und Falschheit von Propositionen auch in diesem Fall eine Anwendung der eigenen Sprachkompe-

93 Dieser Fall wurde von Dagobert Lindlau in einer Fernsehsendung, deren Sendezeit mir leider nicht mehr bekannt ist, als Beispiel einer Fehlinterpretation vorgestellt. Es handelt sich, so weit ich mich entsinnen kann, um einen Fall, der tatsächlich bei einem Test in USA aufgetreten ist, doch das ist nebensächlich: Er könnte sicher auftreten.

tenz ist. Ob das Urteil richtig ist, hängt davon ab, ob man kompetent ist.

Die dritte Beweisform, die Zufallsentscheidung kommt in unserer Lebensform nicht vor. Sie kann als Modell für alle Entscheidungen über Wahrheit und Falschheit einer Proposition betrachtet werden, die auf von uns nicht kontrollierte Weise zustandekommen. Indem wir untersuchen, welche Konsequenzen Zufallsentscheidungen für unser Sprachspiel haben müssen, können wir wesentliche Eigenschaften des Sprachspiels zeigen. Eine Zufallsentscheidung über Wahrheit bzw. Falschheit einer Proposition könnte man sich etwa so vorstellen: Der Bürgermeister einer Gemeinde verfügt über eine Münze, auf deren einer Seite *wahr*, auf der anderen Seite *falsch* eingraviert ist. Wann immer unklar ist, ob eine Proposition wahr ist oder falsch, sucht man den Bürgermeister auf. Er entscheidet mit seiner Münze über den Wahrheitswert der Proposition, wie bei einem Fußballspiel entschieden wird, welche Mannschaft Platzwahl hat.

In einer Welt, in der auf diese Weise über Wahrheit bzw. Falschheit einer Proposition entschieden würde, wäre vieles anders als bei uns. Man muß fragen, ob es eine solche Welt überhaupt geben könnte. Sicher ist, daß in ihr die Sprache nicht dieselbe Bedeutung haben könnte, wie in unserer Lebensform. Da prinzipiell bei jeder Proposition unklar sein kann, ob sie wahr ist oder falsch, müßte für jede Proposition, wenn jemand behauptet, er wisse nicht, ob die Proposition wahr ist oder nicht, ein Zufallsentscheid herbeigeführt werden. Dabei könnte es immer wieder geschehen, daß der Wahrheitswert einer Proposition sich ändert, weil Zufall die Entscheidung steuert. Dies müßte zur Folge haben, daß wir bei keiner Proposition in der Lage wären zu sagen, ob sie wahr ist oder falsch. Es hätte insbesondere zur Folge, daß wir außerstande wären, uns darüber zu verständigen, was der Fall ist. Durch ständige Zufallsentscheidungen über den Wahrheitswert von Propositionen müßten die Gebrauchsregeln für sprachliche Ausdrücke ständig auf den neuesten Stand gebracht werden. Ein Sprachspiel kann aber nur auf der Grundlage vorab feststehender Regeln gespielt werden.

Die Wirkung von Zufallsentscheidungen über Wahrheitswerte von Propositionen kann man sich am Beispiel der Prädizierung klar machen: Wie haben wir etwa die Gebrauchsregeln für *ist rot* gelernt? Wir haben sie dadurch gelernt, daß wir hinter den Verwendungen von *ist rot* eine Regel erkannten. Damit wir diese Regel erkennen konnten, mußten wir den Ausdruck *ist rot* in diesen Verwendungen als richtig gebraucht betrachten. Paradigma für die Erlernung des Gebrauchs von *ist rot* sind Verwendungen von *ist rot* in Behauptungen: Wenn eine Behauptung, daß ein Ding rot ist, wahr ist, ist *ist rot* korrekt verwendet. Das bedeutet, daß wir die Regel für den Gebrauch von *ist rot* aus wahren Behauptungen erlernen konnten. Wenn wir die Bedeutung von *ist rot* erlernt haben, dann heißt dies nicht, daß wir nicht auch falsche Gebräuche von *ist rot* vorgesetzt bekommen haben. Es heißt aber, daß wir die Möglichkeit haben mußten, anfängliche Fehleinschätzungen des Gebrauchs von *ist rot* mit der Zeit an langfristig feststehendem Gebrauch zu korrigieren. Es ist nicht entscheidend, ob wir in der Tat den rechten Gebrauch von *ist rot* erlernt haben. Es ist denkbar, daß wir einen falschen Gebrauch von *ist rot* erlernt haben, weil die Personen, die uns gelehrt haben, uns einen Streich spielen wollten und *rot* verwendeten, wie sie normalerweise *gut* verwenden. Entscheidend ist, daß wir einen regelhaften Gebrauch dieses Ausdrucks erlernt haben.[94] Dies konnten wir, weil der Gebrauch, der uns als Grundlage für die Erlernung diente, regelhaft war. Regelhaft konnte er sein, weil, was wahr bzw. falsch ist, für das Sprachspiel feststand. Wenn wir dagegen etwa die Proposition, daß dieser Ball rot ist, einmal als wahr, einmal als falsch zu betrachten hätten, würde es uns unmöglich, *ist rot* regelhaft zu gebrauchen. Wir wüßten nicht, was es heißt, daß etwas rot ist. Wenn wir dies nicht wüßten, könnte es für uns nicht die Proposition geben, daß dieser Ball rot ist, da Propositionen uns als etwas gegeben sind, das verstanden wird.

Wahrheit und Falschheit sind interne Konzepte im Sprachspiel. Jede Entscheidung über Wahrheit bzw. Falschheit einer Proposition

---

94 Falsch ist unser Gebrauch in diesem Fall nur in Bezug auf das Sprachspiel, das wir hätten eigentlich lernen sollen, nicht aber in Bezug auf das Sprachspiel, das man faktisch mit uns gespielt hat. Einen, der erst lernen muß, kann man nicht belügen, man kann ihn nur irreführen.

muß, aufgrund der Regeln des Sprachspiels als richtig ausgewiesen werden können. Eine andere Weise der Entscheidung, etwa eine Zufallsentscheidung, kann nicht spielgerecht sein.[95] Wenn sie dennoch aufgezwungen wird, folgt aus der erzwungenen Zustimmung zu einem solchen Urteil keineswegs, daß jetzt wahr bzw. falsch ist, was als solches ausgegeben wird. Das Spiel kann die Einhaltung seiner Regeln nicht erzwingen. Es kann aber auch nicht vergewaltigt werden. Wir sagen, das Spiel ändert sich, aber im Grund kann sich das Spiel nicht ändern. Wenn die Regeln eines Spiels nicht anerkannt werden, wird das Spiel nicht anerkannt. Ein Spiel, das bis auf eine einzige Regel, alle Regeln mit einem anderen Spiel gemeinsam hat, ist mit diesem eng verwandt, aber es ist ein anderes Spiel. Wir sind es, die sich ändern: Wir gehen von einem Spiel zu einem anderen über.

Was wahr ist, ist für alle wahr, die das Spiel spielen wollen, in dem es wahr ist. Aber, wie nicht jede Situation in einem Spiel einem Spieler gefällt, ist, was wahr ist, nicht unbedingt für jeden, was er sich wünscht, und er wird dann vielleicht versuchen, dafür zu sorgen, daß für wahr gehalten wird, was er möchte. Wenn er die Macht hat, seinen Willen durchzusetzen, kann seine Entscheidung wie eine Zufallsentscheidung über den Wahrheitswert einer Proposition auf ein Sprachspiel wirken. Die anderen Spieler erkennen, daß seine Entscheidung falsch ist, doch sie können ihn nicht zwingen, nach den Regeln zu spielen. Die Konsequenz ist u. U. eine weitreichende Veränderung der Spielregeln, wenn die Abweichung nicht als einmaliger Fauxpas stillschweigend übergangen werden kann. Ein Beispiel: Nach der Machtergreifung des Militärs in einem Staat, in dem Sozialisten Politik und öffentliches Leben bestimmt haben, werden neue Sprachregelungen eingeführt. So werden aus "verhaßten Yankees" "amerikanische Freunde", aus "Hel-

---

95 In diesem Zusammenhang sagt Wittgenstein, 1969, 92: "Die Sätze sind so wenig willkürlich, wie die Zeichnungen; nur die Worte sind willkürlich." Wittgenstein weist darauf hin, daß, was willkürlich an unserer Sprache ist, Gebrauchsweisen der Wörter, die elementaren Ausdrücke der Sprache sind, während Sätze, die wir zu Behauptungen verwenden, auf der Grundlage der Regeln des Sprachspiels notwendig so sind, wie sie sind. Ich zitiere Wittgenstein, weil ich meine Ausführungen aufgrund meines Verständnisses dieses Satzes gemacht habe.

den der Arbeit" "Kriminelle". Für das Volk, das angesichts der Panzer und Maschinengewehre keine Möglichkeit sieht, diese Zumutung zurückzuweisen, das, wenn es nicht schweigen will, sich daran orientieren muß, werden damit keineswegs plötzlich Feinde zu Freunden und umgekehrt. Ihr Sprachspiel wird umgestaltet. Zunächst wird es Schwierigkeiten und Mißverständnisse geben, weil das System von Bedeutungen durch willkürliche Eingriffe durcheinander geraten ist. Man verwendet *Freund* wie zuvor, aber nicht nur so. Man muß neue Wege finden, auszudrücken, was man zu sagen wünscht; Wege, die wieder, wie das Sprachspiel, das man zuvor hatte, aufgrund intersubjektiv gültiger Regeln bestimmt sind. Mit der Zeit kommt ein neues Sprachspiel zustande. Noch kein Volk ist als ganzes auf den Mund gefallen.

Sogenannte wissenschaftliche Beweise unterscheiden sich nicht prinzipiell von anderen Beweisen. Auch sie müssen von Festsetzungen von Wahrheitswerten für Propositionen ausgehen, um Wahrheit bzw. Falschheit einer gegebenen Proposition zu beweisen. Was sie auszeichnen soll, ist die Methode, die für solche Festsetzungen angewendet wird. Während einfache Sprachteilhaber sich in ihren Beweisen auf Glaubenssätze stützen, die sie oft nicht als wahr ausweisen können, soll im wissenschaftlichen Beweis nichts behauptet werden, was nicht wissenschaftlich überprüfbar ist. Es soll, wenn erforderlich, ein Beweis gegeben werden, der auf grundlegende Wahrheiten unserer Welt zurückgeht, auf sogenannte Basis- oder Protokollsätze.[96]

Ich möchte nicht auf die wissenschaftstheoretische Diskussion zu dem Problem der Basissätze und zu dem Problem der Induktion bei transfiniten Gegenstandsbereichen eingehen. Ich möchte versuchen, die Problematik am Beispiel des Herrn Meyer darzustellen, dessen Fingerabdrücke, wie man vermutet, am Safe der Firma Krause vorgefunden wurden. Herr Meyer wird beschuldigt, den Safe ausgeraubt zu haben. Warum man auf ihn verfallen ist, wird Gründe haben. Vielleicht hat er sich durch irgendetwas verdächtig gemacht. Aber die Beschuldigung ist zu schwerwiegend, als daß blos-

---

96 Siehe hierzu etwa Carnap, 1933, sowie die Kritik Neuraths in Neurath, 1933.

se Verdachtsmomente einem Gericht genügen könnten. Es fordert einen Beweis. Daß es den Beweis vom Kläger und nicht vom Angeklagten fordert, ist eine Eigenheit unseres Rechtssystems, die Herrn Meyer entgegen kommt: Er gilt als unschuldig, solang seine Schuld nicht bewiesen ist.

Was als Beweismittel bei Gericht akzeptiert wird, ist in geltenden Gesetzbüchern festgelegt. Ein Beweismittel ist dabei die Aussage von Augenzeugen, ein Autoritätsbeweis. Nehmen wir an, Leute wollen gesehen haben, wie Meyer den Safe ausgeraubt hat. Das könnte für eine Verurteilung genügen, wenn nicht Meyer ebenfalls Zeugen nennen könnte, die bestätigen, daß er am Abend der Tat 200 Km vom Tatort entfernt gewesen sei. Jetzt steht Aussage gegen Aussage. Es müssen neue Wege gesucht werden, zu einer Entscheidung zu kommen. Hier bietet sich die Kriminalistik an, eine Wissenschaft. An dem Safe wurden Fingerabdrücke gefunden, die man "wissenschaftlich" mit denen des Herrn Meyer vergleicht. Verläuft der Vergleich positiv, erweisen sich die verglichenen Fingerabdrücke als deckungsgleich, wird dies als Beweis dafür betrachtet,[97] daß Herr Meyer den Safe berührt hat. Sollte er die Unvorsichtigkeit begannen haben zu behaupten, er habe den Safe nicht einmal gesehen, geschweige denn berührt, wird seine Glaubwürdigkeit und die seiner Zeugen als erschüttert betrachtet.

Es gibt zwei Möglichkeiten, die Beweiskraft solcher wissenschaftlichen Feststellungen anzugreifen: Man kann anzweifeln, daß die Fingerabdrücke auf dem Safe von Herrn Meyer sind, indem man die Qualifikation des Vergleichs, in dem sie als deckungsgleich ausgegeben wurden, in Frage stellt. Man kann bestreiten, daß es keine zwei Personen gibt, die identische Fingerabdrücke haben. In beiden Fällen wäre dies ein Angriff auf die Wissenschaftlichkeit des Beweises. Im ersten Fall würde die Richtigkeit einer Beobachtung, die als grundlegend betrachtet wird, bezweifelt. Ein solcher Angriff ist prinzipiell möglich, weil es kein letztes Ideal für die Übereinstimmung der verglichenen Abdrücke, ja für alle wissenschaftlichen Messungen gibt. In der Praxis

---

97 Beweis ist dies für das Gericht: die Richter, die Geschworenen, nicht notwendig auch für Herrn Meyer.

wird ein solcher Angriff wenig Aussicht auf Erfolg haben. Ihm kann nicht stattgegeben werden, ohne die Beweiskraft solcher "wissenschaftlichen" Untersuchungen prinzipiell in Frage zu stellen. Immerhin würde damit darauf hingewiesen, daß auch raffinierte Untersuchungsmethoden keinen letzten Beweis für das Bestehen eines Sachverhalts geben können. Im zweiten Fall würde mit der Richtigkeit der Hypothese die Gültigkeit einer Schlußweise in Frage gestellt. Selbst wenn man davon ausgeht, daß ein hinreichender Beweis für die Übereinstimmung der Form von Fingerabdrücken gegeben werden kann, müßte die These, daß keine zwei Menschen dieselben Fingerabdrücke haben, durch einen Vergleich der Fingerabdrücke aller Menschen, die es auf Erden gab, gibt und geben wird, bewiesen werden, um Grundlage eines Beweises werden zu können. Ein solcher Beweis ist nie geführt worden.[98]

Auch der zweite Angriff dürfte in der Praxis kaum Erfolg haben. Was angegriffen wird, ist längst als angreifbar erkannt, ohne daß man diese Angriffe zum Anlaß für eine Revision der Beweispraxis genommen hat. Der Angriff gilt einem nicht verifizierten Allsatz. Er ist formal korrekt. In einem streng nach logischen Regeln geführten Dialog[99] würde durch ihn ein Beweis der angegriffenen These erforderlich gemacht. Kann ein Beweis in dem dabei geforderten Sinn nicht gegeben werden, darf die These nicht als Voraussetzung eines Schlusses fungieren. Ein Beweis im geforderten Sinn ist ein logischer Beweis. Für die These, daß keine zwei Menschen identische Fingerabdrücke haben, kann ein solcher Beweis nicht gegeben werden. Dennoch wird sie in der Praxis nicht zurückgenommen, und dies nicht ohne guten Grund: Würde man sie zurücknehmen, hieße dies, daß man prinzipiell anerkennt, daß als wahr nur gelten darf, was logisch bewiesen wurde. Das hätte zur Folge, daß man sich der Möglichkeit begibt, zu

---

98 Die Gerichte haben sich damit zufrieden gegeben, daß die These als wahr betrachtet wird, ohne einen solchen Beweis zu fordern. Es kommt ihnen angesichts einer notorischen Beweisnot sehr zu Pass, daß ein Beweis auf diese Weise möglich sein soll. Gerichte sind aus Menschen zusammengesetzt, und Menschen glauben gern, was ihnen Schwierigkeiten erspart.

99 Zu solchen Dialogen siehe etwa Lorenzen, 1963, Lorenz, 1961 und 1968, Drieschner, 1963.

einer Entscheidung über den Wahrheitswert jeder nicht tautologischen bzw. inkonsistenten Proposition zu kommen. Das wiederum würde bedeuten, daß man alles, was über unsere Welt gesagt würde, für bedeutungslos halten müßte, daß es im Grund überhaupt keine Welt geben könnte.

Wie könnte man logisch beweisen, daß etwas ein Fingerabdruck ist? Man kann es nicht. Logische Regeln, gleichgültig, welchen Kalkül man zugrunde legt, bestimmen nicht, *was* der Fall ist. "Die Logik ist *vor* jeder Erfahrung - daß etwas *so* ist."[100] Unser Wissen, und damit unsere Fähigkeit, richtig zu beurteilen, was ein Fingerabdruck ist, ist nicht darin begründet, daß uns jemals logisch bewiesen wurde, daß es Fingerabdrücke gibt. Entsprechend ist unser Urteil, daß etwas - etwa dies

ein Fingerabdruck ist, kein logisches.

Wir kommen mit logischen Urteilen allein nicht aus. Wir müssen in jedem Fall irgendwelche empirische Aussagen als wahr akzeptieren,[101] auch wenn es uns nie gelingen kann, diese Aussagen jedem Zweifel zu entziehen. Die Forderung, die wir an Beweise und Beweismittel stellen müssen, lautet nicht, daß Zweifel unmöglich gemacht werden müssen. Gegenstand der Kritik muß vielmehr die Art und Weise sein, wie es zu Beweisen kommt: Nicht, weil ein letzter - logischer - Beweis nicht möglich ist, sind sogenannte wissenschaftliche Beweise kritisch zu prüfen. Wenn wir sie so angreifen wollten, würden wir im Grund dieselben unhaltbaren Annahmen über das Beweisen machen, wie jene, die sich von der Wissenschaftlichkeit der Beweisführung die Ausschaltung weiterer Zweifel erhoffen. Kritik ist angebracht, weil oft genug im Namen von Wissenschaft Beweisversuche autoritär als Beweise gesetzt werden, womit die Argumentation, durch die allein ein Beweis er-

---

100 Wittgenstein, 1922, § 5.552.

101 Siehe hierzu Winch, *Nature and Convention*, in Winch, 1972, 50-72.

reicht werden kann, willkürlich abgebrochen wird. Wissenschaftliche Methoden können sicher Beweisführungen verfeinern und, wo sie erfolgreich sind, besser als andere überzeugen. Aber sie machen Überzeugtsein nicht notwendig. Sie legitimieren nicht den Abbruch der Argumentation. Wenn sie, in dummer Wissenschaftsgläubigkeit gegen vorgebrachte Zweifel durchgesetzt werden, wird zerstört, was Beweise erst möglich macht: die freie Argumentation, in der der Zwang zu immer weiterer Rechtfertigung, immer weiterem Beweis aufgehoben ist durch die Art und Weise, wie Menschen sich in ihr begegnen.[102]

Die Entscheidung, daß die Proposition, daß dies ein Fingerabdruck ist, wahr ist, erfolgt aufgrund der Sprachkompetenz. Weil wir, indem wir eine Sprache lernten, gelernt haben, was ein Fingerabdruck ist, können wir in einem gegebenen Fall entscheiden, ob etwas ein Fingerabdruck ist. Fingerabdrücke gibt es für uns nur über unsere Sprachkompetenz, nur aufgrund der Regeln unseres Sprachspiels. Wo diese Regeln für uns unscharf werden, d.h. wo wir nicht mehr in der Lage sind zu entscheiden, ob etwas ein Fingerabdruck ist, da wird auch der Status dieses Etwas unklar. Wissenschaftliches Vorgehen kann hier weiterhelfen, doch nicht so, daß es uns sehen macht, was "eigentlich" der Fall ist, sondern dadurch, daß es uns zu neuen Konventionen kommen läßt, die prinzipiell denselben Status haben wie die vorwissenschaftlichen. Die Sachen verhalten sich nicht ohne uns in bestimmter Weise, und daran ändert auch Wissenschaft nichts.

Es ist der rechte Gebrauch unserer Sprache, der uns erlaubt, den Indizienbeweis gegen Herrn Meyer auf seine Gültigkeit hin zu beurteilen. Indem wir und soweit wir ihn kennen, wissen wir alles, was für ein solches Urteil gebraucht wird. Wir wissen, was Fingerabdrücke sind, was es heißt, daß sie identisch sind,[103]

---

102 Vgl. unten 2.1. Siehe auch Strecker, 1975.

103 In der Praxis sind es meist wenige Spezialisten, die darüber zu entscheiden haben, ob Fingerabdrücke identisch sind oder nicht. Ihnen wird geglaubt oder auch nicht. Das bleibt im Ermessen des Gerichts. Das Gutachten der Spezialisten ist also ein Versuch eines Autoritätsbeweises. Das Gericht, allgemein gewendet die Öffentlichkeit der Sprachteilhaber, entscheidet letztlich darüber, was als wahr betrachtet werden soll. Im Fall von Fingerabdrücken wird den Gutachtern für

und unter welchen Bedingungen die These, daß keine zwei Menschen identische Fingerabdrücke haben, sich als falsch erweisen würde. Im Fall dieser These, wie auch bei anderen, die ähnlich aufgebaut sind, verhalten wir uns so: Wir betrachten sie solang als wahr, wie wir nicht durch Evidenz gezwungen sind, sie als falsch anzusehen. Dieses Verhalten mag wenig rational erscheinen, weil man fragen könnte, warum gerade diese These und nicht irgendeine andere, die ebensowenig als falsch ausgewiesen wurde. Solche Kritik ist nicht angebracht. Sie trifft im Grund nicht unsere Haltung zu der These, sondern den Prozeß der Auffindung von Thesen. Eine Kritik unseres Verhaltens im Umgang mit einer einmal gesetzten These muß sich auf die Flexibilität beziehen, die wir dabei zeigen. In oder an unserem Vorgehen bei der Auffindung von Thesen zeigen sich die Interessen, die unsere Erkenntnis leiten. Wir sind auf der Suche nach Thesen, die Funktionen erfüllen können, die in unserer Lebensform von Bedeutung sind. Wenn wir eine geeignete These gefunden haben, können wir leicht in Versuchung geraten, Erfahrungen, die sie als falsch ausweisen müßten, falsch zu bewerten oder gar zu ignorieren, um die opportune These nicht aufgeben zu müssen. Das Popper'sche Falsifikationsprinzip[104] für wissenschaftliche Theorien ist seiner Natur nach konservativ, denn es spricht dafür, Altbewährtes als wahr zu betrachten, solang man keinen Grund sieht, der "zwingend" macht, es aufzugeben. Man kann aufgrund dieses Prinzips neue Ideen, die

---

gewöhnlich geglaubt. Interessant sind Fälle, in denen Gutachter, i.e. Autoritäten, zu kontroversen Ergebnissen gelangen, etwa weil sie ihre Untersuchungsergebnisse aufgrund verschiedener wissenschaftlicher Methoden gewonnen haben. Hier sind dann in der Tat verschiedene Dinge der Fall, je nach dem, welches wissenschaftliche Spiel man spielt, und die Entscheidung, dies und nicht jenes für wahr zu halten, ist zugleich eine Entscheidung für ein Spiel. Ein berühmtes Beispiel für eine solche Entscheidung gibt es im Fall Maria Rohrbach, in dem in der Revisionsverhandlung ein Indizienbeweis aufgrund eines neuen Gutachtens zurückgewiesen wurde. Der Vorgang ist beschrieben in Müller, 1966.

104 Popper hat dieses Prinzip in seiner *Logik der Forschung* ausgearbeitet, um der Ansicht zu begegnen, es sei möglich, über eine Wahrscheinlichkeitslogik empirischen Aussagen einen Wahrheitswert irgendwo zwischen wahr und falsch zuzuordnen, wobei das Wo davon abhängig gemacht werden sollte, wie oft sich die These in Tests bewährt hat. Siehe Popper, 1934.

zu den alten in Konkurrenz treten, als unnötig zurückweisen.[105] In dieser Zurückweisung ist oft genug Angst vor einer Veränderung des Spiels zu erkennen, die den eigenen Interessen abträglich sein könnte. Solang diese Haltung nicht dazu führt, Erfahrungen, die eine altbewährte These widerlegen können, nicht mehr als solche zu erkennen, kann sie toleriert werden, wenn versucht wird, die These in dogmatischer Erstarrung einer Falsifikation zu entziehen, muß auf ihrer prinzipiellen Falsifizierbarkeit insistiert werden.[106]

Die Forderung nach Falsifizierbarkeit wissenschaftlicher Theorien hat, wenn man akzeptiert, daß sich uns, was der Fall ist, nie unmittelbar zeigt, den Sinn, die Vorläufigkeit jeder empirischen Theorie zu betonen und unser Weltverständnis prinzipiell für neue Verständigung offenzuhalten, die in der Auseinandersetzung mit Fremdem bzw. Fremden noch erreicht werden könnte. Mit dem Wissen um die Vorläufigkeit jeder empirischen Theorie, also auch wissenschaftlicher Theorien, zu leben, heißt deshalb nicht, ständig von Zweifeln geplagt zu werden. Schließlich beruht die Sicherheit, die wir darin haben können, daß sich die Dinge so verhalten, wie wir - jeweils ich - sie erkennen, nicht darin, daß durch wissenschaftliche Beweise die Möglichkeit des Zweifels ausgeräumt worden ist. Sie beruht vielmehr darin, daß wir uns mit Unseresgleichen in unserer Sprache verständigt wissen. Je größer die Sprachkompetenz, desto größer auch die Sicherheit. In den Dingen des Alltags geht unsere Sicherheit so weit, daß wir mit gutem Recht sagen, wir wüßten, wie sich die Sachen ver-

---

105 Für eine Diskussion dieses Prinzips siehe Feyerabend, 1963, 1970, 1972.

106 Solche Erstarrung präsentiert sich für gewöhnlich als Vernunft: Sie weist eine Erfahrung, die geeignet ist, die etablierte Theorie in Frage zu stellen, als scheinbar zurück, weil sie "jeder Vernunft widerspricht". Wer etwa, weil er mit eigenen Augen gesehen hat, wie ein gewisser Uri Geller Metallgegenstände ohne ernstlichen Kraftaufwand verbogen hat, glaubt, an der modernen Physik zweifeln zu müssen, ist für derart Erstarrte ein Dummkopf. Soweit sie sich solchen Erfahrungen überhaupt stellen, sind sie allenfalls bereit zu zeigen, daß hier etwas nicht mit rechten Dingen zugegangen ist oder daß sie das alles mit ihrer Theorie längst erklären können.

halten. Wir kennen unser Sprachspiel. Wir sind "certain beyond reasonable doubt".[107] Unsere Vernünftigkeit besteht gerade darin, daß wir an Bestimmtem nicht zweifeln;[108] unbeschadet der Tatsache, daß wir uns Zweifel denken könnten.[109]

Ich bin so sicher, wie ich nur sein kann, daß ich mich in meiner Wohnung befinde. Woran sollte ich nicht zweifeln, wenn ich daran zweifle. Aber, daß ich nicht zweifle, heißt nicht, daß ich mir keinen Zweifel denken kann. Und, weil ich mir einen Zweifel denken kann, bin ich in meinem Weltverständnis nicht gefangen, sondern prinzipiell in der Lage, eine Erfahrung zu machen, die meine Gewißheit verringern oder gar erschüttern kann. Ich kann mir etwa vorstellen, daß man mich letzte Nacht entführt hat und in eine Wohnung gebracht hat, die der meinen akribisch nachgebildet wurde.[110] Ich glaube nicht, daß das geschehen ist, aber ich bin in der Lage festzustellen, daß es doch geschehen ist, wenn ich Indizien dafür finde. Ich könnte mich auf eine so veränderte Lage einstellen, weil ich aus der Tatsache, daß plötzlich der Wasserhahn, der gestern noch defekt war, wieder funktioniert und daß der Staub auf dem Fernsehapparat scheinbar ohne Menschenhand verschwunden ist, schließen könnte, daß man mich entführt haben muß. Wer sich einen solchen Zweifel nicht denken könnte, könnte mit den Indizien nichts anfangen. Sie wären ihm keine Indizien.

Man kann sich Zweifel an allem denken. Mit dem Glauben, daß etwas so ist, kommt der Gedanke, daß es anders sein könnte. Man kann, und dies ist die Aufgabe des Wissenschaftlers, viele Zweifel haben. Man kann aber nicht an allem zu gleicher Zeit zweifeln, ohne aus seiner Rolle als Spieler in einem Sprachspiel zu fallen. Der Zweifel braucht, um sinnvoll zu sein, das Sprachspiel, das in weiten Teilen intakt ist. Um zu bezweifeln, daß etwa das, worauf

---

107 Wittgenstein, 1970, § 416.

108 "Der vernünftige Mensch hat gewisse Zweifel nicht." Wittgenstein, 1970, § 220.

109 Siehe hierzu Wittgenstein, 1953, I, § 84.

110 Vielleicht scheint dieser Zweifel noch allzu verständlich. Man kennt solche Zweifel aus Kriminalromanen zur Genüge. Ich kann mir sehr viel weitergehende Zweifel denken, aber ich verzichte darauf, sie zu artikulieren.

ich schreibe, ein Stück Papier ist, muß ich Kriterien dafür haben, was es heißt, daß etwas ein Stück Papier ist. Über solche Kriterien verfüge ich im Sprachspiel. Im Sprachspiel gibt es die Propositionen, daß sich etwas, wenn es aus Papier ist, so und so anfühlt, daß es so und so aussieht, so und so schwer, dicht, elastisch usw. ist. Wenn ich diese Propositionen für wahr halte, kann ich prüfen, ob etwas ein Stück Papier ist. Ich kann der Proposition, daß dies ein Stück Papier ist, ihren Platz in dem Netz von Propositionen zuweisen, die ich für wahr bzw. falsch halte. Der Ort der Proposition im Zusammenhang des Sprachspiels bestimmt ihren Sinn. Nur im Zusammenhang des Spiels ist er ein b e s t i m m t e r Ort. Wenn ich Zweifel daran, daß etwas Bestimmtes der Fall ist, auf die Bedingungen ausdehne, die man für gewöhnlich dafür angibt, daß es dies Bestimmte ist, wird es schwerer, der entsprechenden Proposition ihren Ort zuzuweisen. Wenn ich den Zweifel weiter und weiter ausdehne, wachsen die Schwierigkeiten bis zu dem Punkt, an dem das Netz von Propositionen irreparabel zerstört ist, weil die Relationen, die es zusammenhielten, aufgelöst wurden, ohne daß neue geknüpft wurden. Wenn ich aber systematisch zweifle, ohne meinen Zweifel überhandnehmen zu lassen, kann ich nach und nach, jedenfalls gilt dies im Prinzip, das Netz ganz neu knüpfen.

Dafür wie ich knüpfen muß, daß es ein gutes Netz wird, gibt es Regeln, logische Regeln. Sie bestimmen, w i e die Propositionen eines Sprachspiels allenfalls aufeinander bezogen werden können. Die Logik des Sprachspiels kontrolliert die Form der Zusammenhänge, die wir in dem Sprachspiel haben können. Da unser Sprachspiel bestimmend dafür ist, was Welt für uns ist, ist die Logik des Sprachspiels zugleich die logische Form unserer Welt.[111] Sie zeigt sich, wenn wir darüber reden, was der Fall ist, was, wenn dies der Fall ist, auch der Fall sein kann, d.h. sie zeigt sich in unserer Argumentation. Es zeigt sich, daß wir, indem wir nach den Regeln des Sprachspiels handeln, ohne sie gleich zum

---

111 Es muß betont werden, daß die logischen Regeln Regeln unseres Sprachspiels sind und als solche nicht als d i e logischen Regeln schlechthin zu verstehen sind. Siehe hierzu Strecker, 1974.

Gegenstand der Reflexion zu machen, ein Gefühl dafür haben, wie logische Regeln unsere Argumentation kontrollieren, wenn ihnen Geltung verschafft wird. Der Umgang mit Propositionen, den logische Regeln steuern sollen, dient dazu, uns eine rationale Orientierung für unser Handeln in der Welt zu schaffen. Rational ist diese Orientierung genau insoweit, wie sie bewußt von dem ausgeht, was für uns der Fall ist. Wohin sie den Einzelnen führt, ist dabei ohne Interesse, weil dies wesentlich von anderen Faktoren bestimmt wird. Der Wert einer rationalen Orientierung für das eigene Handeln verhält sich gegenüber den Interessen, die man mit diesem Handeln verfolgt, neutral, weil eine Optimierung der Fähigkeit, zu einer rationalen Orientierung zu finden, zu Gutem wie Bösem nützlich ist. Wenn wir an der Optimierung dieser Fähigkeit, die eben die Fähigkeit zu richtigem argumentativen Handeln ist, interessiert sind, dann ist damit nicht präjudiziert, wie gehandelt werden soll.

Befolgung logischer Regeln sichert uns die formale Stimmigkeit von Beweisen. Wo wir uns darauf verlassen können, daß bei einer Beweisführung streng logisch vorgegangen wurde, können wir sicher sein, daß der Beweisversuch zumindest der Form nach korrekt ist. Leider können wir uns darauf nicht so leicht verlassen. Man sieht es den Beweisen, die im Alltag geführt werden, nicht sofort an, ob sie logisch korrekt sind oder nicht. Und anders als bei den schlichten formalen Kalkülen[112] der Logiktheorie existieren für natürliche Sprachen keine einfachen, i.e. übersichtliche Verfahren zur Prüfung der formalen Korrektheit einer Argumentation.[113] Dies wurde und wird als entscheidende Schwäche natürlicher Sprachen betrachtet:[114] Wenn schon eine streng lo-

---

112 Schlicht im Vergleich zu der Komplexität natürlicher Sprachen.

113 "Die Umgangssprache ist ein Teil des menschlichen Organismus und nicht weniger kompliziert als dieser. Es ist menschenunmöglich, die Sprachlogik aus ihr unmittelbar zu entnehmen." Wittgenstein, 1922, § 4.002.

114 Wittgenstein etwa spricht davon, daß die Sprache den Gedanken verkleidet. Wittgenstein, 1922, § 4.002. Carnap geht soweit zu sagen: "Die Aufstellung der formalen Form- und Umformungsregeln in Bezug auf eine natürliche Sprache (z.B. die deutsche, die lateinische) würde infolge des unsystematischen und logisch mangelhaften Aufbaus so kompliziert

gische Beweisführung keine Beweise empirischer Aussagen sichern kann, sollte wenigstens im Bereich der Form größtmögliche Präzision erreicht werden, möchte man sagen. Auf die Schwierigkeit, formale Korrektheit von Beweisen in natürlichen Sprachen zu überprüfen, hat sich jedenfalls schon sehr früh - spätestens seit Aristoteles - die Erforschung von Argumentation konzentriert. Dabei lassen sich zwei Hauptrichtungen erkennen: Eine versucht, zumindest für den Bereich wissenschaftlicher Argumentation natürliche Sprachen durch formale Kalküle zu ersetzen. Diese Richtung ist vor allem von Carnap eingeschlagen worden.[115] Die andere Richtung versucht, natürliche Sprachen als formale Sprachen zu rekonstruieren. Hier ist vor allem Montague zu nennen.[116] Beide Richtungen haben letztlich dasselbe Ziel: eine formal als korrekt ausweisbare Beweisführung zu sichern bzw. zu ermöglichen.

Ohne Frage ergeben sich in diesem Zusammenhang interessante Probleme. Ich möchte aber auf keinen der einschlägigen Versuche eingehen. Ich glaube, daß bis heute genug Energie für die Untersuchung formaler Aspekte der Argumentation aufgewandt worden ist, auch wenn, wie Bar-Hillel festgestellt hat, bis heute noch kein einziges interessantes Stück einer Argumentation in natürlicher Sprache erfolgreich bewertet worden ist.[117] Über der Konzentration auf formale Probleme wurden andere, mindestens ebenso wichtige Probleme vernachlässigt. Insbesondere ist die dialogische Natur des Beweisens fast in Vergessenheit geraten, was zu ausgesprochenen Fehlentwicklungen geführt hat: Logiker sind bereit, für den Zweck der Kalkulierbarkeit die Sprache festzuschreiben und uns damit die Möglichkeit zu nehmen, argumentierend zu neuen Sprachen und neuer Verständigung zu kommen. Für die Möglichkeit einer logischen Theorie natürlicher Sprachen geben sie die Argumentation da preis, wo sie für uns am wichtigsten ist.

Wir brauchen keine explizite Logik für unser Sprachspiel.[118]

---

sein, daß sie praktisch kaum durchführbar wäre." Carnap, 1934, 2. Und Tarski ist der Meinung, daß sich für natürliche Sprachen kein hinreichend präziser Wahrheitsbegriff finden läßt. Siehe Tarski, 1936.

115 Siehe etwa Carnap, 1934, 1968.

116 Siehe etwa Montague, 1970.

117 Siehe dazu das Statement Bar-Hillels in Staal, 1969, 256.

Das Sprachspiel weist - soweit es integriert ist - eine Logik auf, der wir "spielend" folgen. Wir lernen sie, wie wir das Sprachspiel lernen. Wir wissen sehr gut, daß Sokrates sterblich ist, wenn Sokrates ein Mensch ist und Menschen sterblich sind. Wo wir Probleme mit der logischen Form von Argumenten haben, helfen keine Festschreibungen: Daß etwas logisch bzw. nicht logisch ist, muß genauso demonstriert werden wie alles sonst. Es ist beweiskräftig, wenn es überzeugt. Es kann Überzeugung nicht erzwingen. Womit nicht gesagt werden soll, daß eine Explikation logischer Prinzipien in jedem Fall sinnlos ist: Ich habe die wichtige Frage, wie man denn nun argumentieren soll, offen gelassen, weil eine verbindliche Antwort nicht zu finden ist und mir so wenig wie jemand sonst zukommt, hierüber zu entscheiden. Wenn wir aber lehren wollen zu argumentieren, müssen wir, explizit oder implizit, zu einer Entscheidung kommen. Wir müssen eine Sprache lehren, in der logische Relationen bereits hergestellt sind, die nicht schon bei der Erlernung in Frage gestellt werden dürfen. Hier kann die Verfügung über eine explizite logische Theorie der eigenen Sprache unter Umständen hilfreich sein. Nicht nur logische Schlußweisen, auch Topoi im klassischen Sinn können hier eingebracht werden.

Eine Auswahl logischer Schlußweisen und die Erstellung von Topoi-Katalogen unter didaktischen Gesichtspunkten ist eine Aufgabe für einen Wissenschaftszweig und von mir sicher nicht allein zu lösen. Ich habe ganz darauf verzichtet und stattdessen versucht, eine Form zu finden, in der Beweiskommunikationen - ohne größere Schwierigkeiten allgemein Argumentationen - überschaubar dargestellt werden können. Ich werde dazu im folgenden Kapitel

---

118 Dies hat bereits Pascal betont, dem gewiß nicht nachzusagen ist, daß er wegen Unfähigkeit zu mathematischem - geometrischem in seiner Sprache - Denken, gegen Formalisten Stellung nahm: "Et ainsi il est rare que les géomètres soient fins et que les fins soient géomètres, à cause que les géomètres veulent traiter géomètriquement ces choses fines et se rendent ridicules, voulant commencer par les définitions et ensuite par les principes, ce qui n'est pas la manière d'agir en cette sorte de raisonnement; Ce n'est pas que l'esprit ne le fasse mais il le fait tacitement, naturellement et sans art." Pascal, 1962, 257f.

ein Spiel BEWEISEN einführen, mit dem eine solche Form der Darstellung demonstriert werden soll. Dabei sind bestimmte Festlegungen unvermeidbar. Sie sind aber nicht so zu verstehen, daß durch die Hintertür doch Regeln als unhintergehbar gesetzt werden sollen. Die Antwort auf die Frage, was ein Beweis ist, bleibt: Ein Beweis ist, was vorgebracht wird, um zu überzeugen, und tatsächlich überzeugt. "La Trémouille: 'Well come! What is a miracle?' The Archbishop: 'A miracle, my friend, is an event which creates faith. That is the purpose and nature of miracles. They may seem very wonderful to the people who witness them, and very simple to those who perform them. That does not matter: if they confirm or create faith they are true miracles'" .'"[119]

Was Shaw den Erzbischof sagen läßt, könnte in fast gleicher Weise von Beweisen statt von Wundern gesagt werden. Und es klänge sicher für viele ebenso ketzerisch. Beweise schaffen Glauben. Das ist ihre Bestimmung, und sie sind Beweise eben dadurch, daß sie Glauben schaffen. Doch, selbst wenn man zugibt, daß, was immer Glauben bzw. Überzeugung schafft, als Beweis für jene wirkt, die es überzeugt, muß man auch zugeben, daß es sich dabei um wirkliche Beweise handelt? Muß man also zugeben, daß jeder billige Trick, der ein paar Dummpöpfe überzeugt, damit auch ein richtiger Beweis ist. Ja, wenn man zu klären hat, ob er denen, die er überzeugt hat, ein richtiger Beweis war. Hier kann es etwas anderes gar nicht geben: Wäre er ihnen kein richtiger Beweis, so wäre er eben kein Beweis. Nein, wenn damit festgestellt werden soll, ob man, was ihnen Beweis ist, selbst für einen Beweis hält. Unsere Abneigung, uns der Meinung des Erzbischofs anzuschließen, rührt daher, daß wir nicht bereit sind, etwas als Beweis anzuerkennen, was für andere vielleicht ein Beweis war, daß wir genau das tun müßten, wenn wir auch in solchen Fällen von Beweisen reden: Es gehört zu der Grammatik von *Beweis*,[120] daß, wer von etwas sagt, es sei ein Beweis, zu verstehen gibt, daß

119 Shaw, *Saint Joan*, Scene II.

120 Gleiches gilt von Wendungen wie: *er weiß*, *man weiß*, *es ist bewiesen*. Wer sie - in einer Weise, die natürlich genauer zu bestimmen wäre - verwendet, gibt kund, daß er, was immer der andere bzw. man weiß, ebenfalls für richtig hält.

er es auch für einen Beweis hält. Um zu sagen, daß etwas für andere ein Beweis sein kann, was man selbst nicht dafür hält, brauchen wir nicht die Unterscheidung von Beweis und richtigem Beweis oder die Unterscheidung von Beweis und Scheinbeweis, wir müssen lediglich kenntlich machen, wem es Beweis ist, indem wir sie beim Namen nennen oder sonst einen Ausdruck wählen, mit dem auf sie Bezug genommen werden kann.

# 3 BEWEISEN, ein Sprachspiel

## 3.1 Grundidee und Absichtserklärung

BEWEISEN ist ein Sprachspiel für drei Personen. Es ist zu verstehen als Versuch, das Verhalten von Mitgliedern unserer Lebensform in bestimmten Beweiskommunikationen wenigstens teilweise im Modell zu rekonstruieren. Die Regeln von BEWEISEN sind deshalb nur zum Teil arbiträr. Mit dem Spiel wird ein heuristischer Zweck verfolgt. Es geht darum, Eigenschaften von alltäglichen Beweiskommunikationen - alltäglichen Beweisspielen - durch explizite Rekonstruktion sichtbar zu machen. Da BEWEISEN ein Modell ist, werden ihm zwangsläufig viele Eigenschaften natürlicher Beweiskommunikationen fehlen. Das liegt in der Natur solcher Rekonstruktionen. Sie haben für gewöhnlich nicht schon im ersten Anlauf alle relevanten Eigenschaften des Urbilds. Das ist auch nicht der Sinn von Modellen. Wäre das Modell so komplex wie das Leben, das es darstellen soll, ginge sein heuristischer Wert verloren. Das hier gewählte Verfahren der Rekonstruktion von Kommunikation als Spiel[1] dient vor allem einer Ordnung der Einfälle, die jeder als kompetenter Sprachteilhaber hat, wenn er sich mit dem Problem konfrontiert sieht, Beweiskommunikationen zu beschreiben. Die Fülle der Intuitionen ist dazu geeignet, den sprichwörtlichen Wald vor Bäumen nicht sehen zu lassen. Eine Sammlung geistvoller Aperçus ist schnell gemacht, doch bleibt dabei wegen des Fehlens einer Systematik immer der Verdacht, man könnte besonders Wesentliches vergessen haben.

---

1 Dieses Verfahren ist keineswegs meine Erfindung. Es ist nur ein Versuch, die Wittgenstein'sche Idee, Sprache als Spiel zu verstehen, systematisch auf bestimmte Typen von Kommunikation anzuwenden. Ähnliche Versuche finden sich bei Stenius, 1967 und Heringer, 1974.

Hier zeigt sich die heuristische Funktion der Rekonstruktion: Indem man versucht, kommunikatives Handeln als Spiel zu rekonstruieren, kommt man häufig erst in eine Lage, in der einem klar wird, was man alles tut, wenn man so handelt. Und hierin scheint m.E. der entscheidende Wert solcher Darstellungen zu liegen. Sie sind Modelle nicht nur von bestimmten Interaktionsformen, sondern auch für die Analyse dieser Formen. So gesehen hat das Spiel, das unten beschrieben wird, exemplarischen Charakter. Es soll zeigen, wie man bei der Analyse von Interaktionen vorgehen kann. Eine praktische Semantik muß vor allem als Handlungsanweisung dienen können. Von ihr wird nicht gefordert, unter Entfaltung eines ausgefeilten Apparates von Beschreibungsmitteln eine möglichst vollständige Bedeutungsbeschreibung des Deutschen zu geben, sondern zu lehren, wie man ad hoc zu einem Problem, das man im Zusammenhang mit bestimmten Handlungsmustern hat, eine Analyse machen kann, die einem den Handlungszusammenhang transparent macht.

BEWEISEN ist nicht nur eine Form der Beschreibung. Es ist ein Spiel das tatsächlich gespielt werden kann, etwa um Beweisen zu üben. So wie BEWEISEN hier repräsentiert wird, mag es für eine Verwendung im Sprachunterricht wenig geeignet erscheinen. Einmal ist die Sprachbeschreibung in 3.3 für solche Zwecke zu kompliziert, zum andern wird zu wenig Wert auf Schlußregeln, gängige Fehlschlüsse und Topoi gelegt. Beides erklärt sich aus der Doppelfunktion von BEWEISEN als Beispiel einer Beschreibungsform und als tatsächliches Spiel. In keinem Fall handelt es sich um prinzipielle Schwierigkeiten: Einmal kann eine einfachere Form der Spielanleitung gefunden werden,[2] zum andern können spezielle Schlußregeln - etwa auch enthymemisches Schließen - in das Spiel integriert werden, wenn sie besonders geübt werden sollen. In der vorgestellten Form ist BEWEISEN in dieser Hinsicht weitgehend offen. Wer BEWEISEN spielt, bringt seine Argumentationsweise aus

---

2 Man kann BEWEISEN etwa so einführen, daß man eine Reihe von Protokollen von - wirklichen oder fiktiven - Partien des Spiels vorgibt, aus denen die Regeln zunächst zu erschließen sind. Ich habe an anderer Stelle - in Homberger/Wippich, 1976 - ein Beispiel einer solchen Einführung zu geben versucht.

dem Alltag ein. Er lernt mit den Regeln von BEWEISEN kaum Neues. Er lernt besser Beweisen durch Übung seiner Kompetenz. Auch so hat das Spiel einen pädagogischen Sinn: Es betont den provisorischen Charakter sprachlicher Regeln, indem es die Möglichkeit läßt, nahezu alles zur Diskussion zu stellen.[3]

Jeder der drei Spieler erhält, in Form einer Menge von 10 Sätzen, eine Menge von Propositionen, die er im Verlauf des Spiels behaupten soll. Da im Spiel für den Spieler das Interesse, das er in seinem täglichen Leben daran hat, Bestimmtes zu behaupten, zumindest teilweise suspendiert ist, weil der Spieler u.U. Propositionen zugeteilt bekommt, an deren Behauptung ihm nicht gelegen ist, wird für BEWEISEN eine Gewinnkonstellation definiert, d.h. BEWEISEN ist ein kompetitives Spiel: Gewonnen hat am Ende derjenige Spieler, dem es gelungen ist, möglichst viele seiner Propositionen im Spiel gegen seine Konkurrenten zu behaupten. Aus dieser Bestimmung des Spiels wird klar, daß das Lernziel, das mit BEWEISEN erreicht werden soll, sehr allgemein, manche werden sagen, sehr technokratisch ist. Gelernt werden soll nicht direkt, eigene Ansichten erfolgreich zu vertreten, sondern Ansichten zu vertreten, die man zu vertreten hat. Dies ist so nicht ohne Grund: Wenn Beweisen an Beispielen gelehrt wird, die Spielern als Mitglieder einer bestimmten Lebensform am Herzen liegen, kann es geschehen, daß über dem Engagement für die eigene Sache die Regeln, nach denen das Spiel zu führen ist, vergessen werden. Gerade sie sollen aber durch BEWEISEN gezeigt werden, womit nichts darüber gesagt ist, wie das Engagement für eine Sache einzuschätzen ist.

Die Gewinnkonstellation in BEWEISEN dient der Simulation von Interessen, die in der Praxis mit Argumentation verbunden sind. Ihr Wert liegt darin, daß sie eine Erkenntnis über die Natur unserer Sprachspiele ermöglicht: Da jeder Spieler, wie man voraussetzen kann, daran interessiert ist, das Spiel zu seinen Gunsten zu entscheiden, wird er zunächst versuchen, seinen Konkurrenten

---

3 Das Spiel ist in der gegebenen Form nicht radikal genug. Der Grund dafür ist mein Glaube an die Logik zur Zeit der Konzipierung von BEWEISEN. Ich habe die Form beibehalten, um ein Beispiel zu geben, wie solche Regeln darzustellen sind.

jede erfolgreiche Behauptung unmöglich zu machen, indem er ihnen alles bestreitet, was sie behaupten. So wie BEWEISEN aufgebaut ist, ist er in der Lage, die anderen effektiv daran zu hindern, auch nur eine einzige Proposition erfolgreich zu behaupten. Allerdings zeigt sich bald, daß ein solches Verhalten nicht sinnvoll ist, wenn er das Spiel gewinnen will, weil er von den anderen auch an der erfolgreichen Behauptung seiner Propositionen gehindert werden kann. Es ist in BEWEISEN nichts dagegen unternommen, daß eine solche Situation eintreten kann, weil m.E. die Erkenntnis der Sinnlosigkeit des Verhaltens, das in diese ausweglose Situation führt, sehr wesentlich ist. Die Spieler sollen lernen, daß bei aller Kompetition im Sprachspiel ein großes Maß von Kooperation gefordert ist, damit es überhaupt sinnvoll ablaufen kann. Die Notwendigkeit der Kooperation wird dadurch betont, daß die Propositionen, die die Spieler zu behaupten haben, zum Teil "ineinandergreifen", d.h. in solchen Relationen zueinander stehen, daß sie teilweise Gleiches implizieren. Wenn ein Spieler einem anderen etwas bestreitet, kann es sein, daß er sich damit selbst der Möglichkeit begibt, Bestimmtes zu behaupten, was er behaupten müßte, wenn er eine seiner vorgegebenen Propositionen behaupten will.

Da unter den vorgegebenen Propositionen keine Tautologien sind gibt es für keine der Propositionen, die im Spiel zu behaupten sind, eine Gewinnstrategie. Eine solche Gewinnstrategie läge vor, wenn es aufgrund der Regeln des Spiels möglich wäre, bestimmte Propositionen bei strikter Einhaltung der Spielregeln erfolgreich zu behaupten. Es bleibt den Spielern überlassen, sich möglichst gute Strategien zu suchen. Allenfalls können exemplarische Hinweise gegeben werden. Da es für keine der zu behauptenden Propositionen eine Gewinnstrategie gibt, muß durch die Dispute, die im Verlauf des Spiels über sie geführt werden, eine Entscheidung darüber, ob sie von den Spielern, die im Spiel für die Gemeinschaft der Sprachteilhaber in einer Lebensform stehen, als wahr bzw. falsch betrachtet werden sollen, erst herbeigeführt werden. Für die Herbeiführung einer solchen Entscheidung gibt es in BEWEISEN bestimmte Regeln, aufgrund derer die Entscheidung als korrekt bzw. unkorrekt ausgewiesen werden kann.

Hier zeigt sich eine weitere Qualität von BEWEISEN. In den

Dialogspielen, die Kuno Lorenz als semantische Grundlage von Logikkalkülen ausgearbeitet hat,[4] wird die Entscheidung darüber, ob ein Dialog korrekt geführt worden ist oder nicht, mit dem Akt der Formulierung der Spielregeln als gegeben betrachtet. In BEWEISEN gibt es zwar auch solche Regelformulierungen, die von den Spielern u.U. konsultiert werden können, doch die Entscheidung nicht nur über den Wahrheitswert der Propositionen, sondern auch über die Gültigkeit von Beweishandlungen wird im Spiel selbst getroffen. Ich dachte ursprünglich daran, zur Überwachung der Einhaltung der Spielregeln einen Schiedsrichter einzusetzen, doch habe ich diese Idee aufgegeben, weil sie nicht zu dem Modellcharakter des Spiels paßt.[5] In unserer täglichen Praxis in Argumentation gibt es keine Schiedsrichter und selten Protokolle über den Verlauf von Kommunikationen, die erlauben würden, jemand "zwingend" nachzuweisen, daß er sich widersprochen hat.

Jede Partie von BEWEISEN besteht aus mindestens 30 Disputen, entsprechend 30 Elementen von Q, d.i. die Menge der Sätze, die den Spielern insgesamt zu Beginn des Spiels vorgegeben werden. Es ist wichtig, jeden dieser Dispute im Zusammenhang aller Dispute des Spiels zu verstehen: Die einzelnen Dispute sind nicht isoliert. Was im Verlauf eines Disputs behauptet werden kann, ist bis zu einem gewissen Grad davon abhängig, was in anderen Dialogen behauptet wurde oder noch werden soll. Wenn etwa der Spieler $P_1$ in einem Disput behauptet oder zugelassen hat, daß Engel fliegen können, darf er nicht in einem späteren Disput derselben Partie behaupten, daß es keine Engel gibt, oder daß Engel nicht fliegen können. Über letzteres ist eine Entscheidung aufgrund expliziter Spielregeln möglich; ersteres muß von den Spielern aufgrund ihrer Sprachkompetenz selbst zurückgewiesen werden. Der Grund für den Unterschied in der Entscheidungsweise ist, daß die Sprache, die den Spielern in BEWEISEN zur Durchführung von Disputen zur Verfügung gestellt wird, nur zum Teil explizit vorgegeben wird. Das wiederum hat zwei Gründe: Einmal ist es unmöglich, die Sprache, obwohl sie gegenüber unserer

---

4 Siehe Lorenz, 1961 und 1968.
5 Vgl. unten 1.1.

täglichen Sprache stark restringiert ist, in halbwegs überschaubarer Weise vorzugeben, zum andern würde eine explizite Definition der Sprache von BEWEISEN einen wesentlichen Aspekt natürlicher Beweisspiele außer acht lassen, nämlich den, daß die Personen, die an solchen Kommunikationen beteiligt sind, oft unterschiedliche Verwendungsweisen für dieselben Ausdrücke haben und sich im Hinblick auf die Menge der Ausdrücke, über die sie verfügen, unterscheiden.

Die Sprache von BEWEISEN wird in Form einer Menge S von sprachlichen Ausdrücken und einer Syntax vorgegeben. S ist die Vereinigungsmenge von Q, K und B, wobei Q wie oben zu verstehen ist.[6] K wird intensional als Menge aller Sätze charakterisiert, die dazu verwendet werden können, in unseren täglichen Argumentationen Behauptungen zu machen, die durch die Behauptungen, die mit Sätzen aus Q gemacht werden können, impliziert werden. B wird als eine Menge von Ausdrücken, die in Beweiskommunikationen eine ausgezeichnete Rolle spielen, explizit vorgeben.

Ein Beispiel in einer Partie BEWEISEN: Der Spieler $P_i$, der aufgrund der Regeln an der Reihe ist, macht eine Behauptung, indem er einen Satz aus Q oder aus K äußert. Der Spieler $P_j$, der aufgrund der Regeln jetzt am Zug ist, kann darauf reagieren, indem er (a) der Behauptung von $P_i$ zustimmt, (b) sie bezweifelt, (c) sie bestreitet.[7] Im Fall von (a) ist der Disput abgeschlossen, wenn auch $P_k$ (der dritte Spieler) zustimmt. Die Behauptung von $P_i$ ist dann im Spiel fortan als wahr zu betrachten, d.h. sie kann ohne Disput als Voraussetzung für weitere Behauptungen verwendet werden. Im Fall (b) ist $P_i$ aufgefordert, einen Beweis für seine Behauptung anzutreten, wenn er seine Behauptung aufrecht erhalten will. Um dies zu tun, kann er weitere Behauptungen machen und Schlüsse ziehen. Wird, was er damit getan hat, von $P_j$ als Beweis akzeptiert, gilt seine Anfangsbehauptung als wahr im Spiel, wenn auch $P_k$ den Beweisversuch akzeptiert. Wird der Beweisversuch von einem der Kontrahenten nicht akzeptiert, dann kann $P_i$ weiter versuchen, seine Behauptung zu beweisen oder er kann sie

---

6 Es ist daran gedacht, die Sätze von Q auf Kärtchen vorzugeben, die bei erfolgreicher Behauptung gelegt werden können.

7 Wie er dies kann, ist in 3.3 ausgeführt.

zurücknehmen. Im Fall (c) wird prinzipiell so verfahren wie bei (b). Der Unterschied zu (a) liegt darin, daß $P_j$, wenn er die Behauptung von $P_i$ bestreitet und nicht nur bezweifelt, selbst mit diesem Akt eine Behauptung macht, nämlich die, daß falsch ist, was $P_i$ behauptet hat. Dadurch hat er die Chance, bei einem für ihn positiven Verlauf des Disputs, eine Behauptung durchzusetzen, ohne selbst einen Eröffnungszug gemacht zu haben, was für den Verlauf der Partie wichtig sein kann. Er geht aber ein erhöhtes Risiko ein, weil er in gewissem Sinn seine Karten aufdeckt und dadurch den anderen ermöglicht, besser zu kalkulieren. Wesentlich ist, daß sowohl in Fall (b) wie in Fall (c) die Beweislast $P_i$ zufällt. Dies ist zumindest für den Fall (c) eine willkürliche Festsetzung in BEWEISEN. In unserer täglichen Argumentation fällt die Beweislast keineswegs immer demjenigen zu, der die erste Behauptung gemacht hat, sondern meist dem, der den niedrigeren sozialen Status hat oder weniger selbstbewußt ist.

Die Regeln von BEWEISEN bestimmen nicht für jeden Disput ein Ende, d.h. es ist prinzipiell möglich, daß ein Disput Stunden und Tage dauert, wenn den Kontrahenten die Argumente nicht ausgehen. Es ist aber vorgesehen, daß ein Disput beendet werden kann, ohne daß er für einen der Spieler erfolgreich verlaufen ist, nämlich, wenn $P_j$ (oder $P_k$) behauptet, $P_i$ müsse zurücknehmen, was er behauptet hat und $P_i$ erwidert, er müsse nicht zurücknehmen, was er behauptet hat. Wenn die Aufforderung von $P_j$ (oder $P_k$) sich auf einen Regelverstoß durch $P_i$ und nicht nur auf eine nicht akzeptierte Behauptung bezieht, "muß" $P_i$ in der Tat, aufgrund der Regeln von BEWEISEN, seine Behauptung zurücknehmen. Tut er es dennoch nicht, dann kann dies zum Abbruch der Partie führen. Beide Fälle von Aufforderung zur Zurücknahme von Behauptungen entsprechen Verhaltensweisen in unserer Praxis: Nicht jede Argumentation wird zuende geführt, und Falschheit in Argumentationen kann zu einer solchen Verärgerung der Partner führen, daß die Kommunikation ganz eingestellt wird.

## 3.2 Exkurs: Die Sprache der Handlungstheorie

Bevor ich das Spiel BEWEISEN einführe, möchte ich einige Elemente einer halbformalen Beschreibungssprache einführen, die Heringer für die Beschreibungen von Handlungen und Handlungsmustern ausgearbeitet hat.[8] Ich verzichte auf eine Erklärung von *Handlungsmuster* und *Handlung* und verweise hierzu auf die zitierte Arbeit Heringers. Die - partielle - Einführung der Sprache der Handlungstheorie dient der Vereinfachung der Darstellung des Spiels. Es wird damit nichts grundlegend Neues geleistet. Wir können, was in der Sprache der Handlungstheorie gesagt werden kann, auch in unserer Sprache sagen. Schließlich gehört es zu unserem Alltag, Handlungen zu beschreiben. Wir verwenden dabei Sätze wie:

(1) Karl hat Fritz geohrfeigt.

(2) Gert trinkt Kaffee.

Wir können die Regeln, nach denen wir handeln, zum Gegenstand von Behauptungen machen:

(3) Wenn man etwas behaupten will, kann man einen Satz äußern.

(4) Man kann jemand begrüßen, indem man ihm die Hand gibt.

Grundlegend ist die Unterscheidung zwischen Handlung und Handlungsmuster. Handlungen sind dadurch bestimmte Handlungen, daß sie nach bestimmten Regeln durchgeführt werden. Die Gesamtheit der Regeln für bestimmtes Handeln bezeichnen wir als Handlungsmuster. Um im laufenden Text Ausdrücke, mit denen auf Handlungsmuster referiert werden soll, von Ausdrücken zu unterscheiden, mit denen auf Handlungen referiert werden soll, schreiben wir etwa ⌜etwas beweisen⌝, ⌜essen⌝, ⌜laufen⌝, wobei ⌜ ⌝ zur Kenntlichmachung des Mustercharakters dienen soll.[9] In der Beschrei-

---

8 In seinem Buch *Praktische Semantik*, H.J. Heringer, 1974.

9 Ich bin mit dieser Darstellung, die ich von Heringer übernehme, nicht ganz glücklich, weil der Eindruck entstehen könnte, daß mit ⌜ ⌝ etwas geleistet wird, wozu wir nicht schon ohnedies in der Lage sind. Wenn man sagt: Er hat nach dem Muster ⌜etwas trinken⌝ gehandelt, dann heißt dies so ziemlich dasselbe wie: "Er hat etwas getrunken." Was durch die Kennzeichnung geleistet werden kann ist lediglich, darauf hinzuweisen, daß Handlungen von Handlungsmustern zu unterscheiden sind. Dies scheint mir wichtig genug.

bung des Spiels werden wir dann Namen für Handlungsmuster einführen, etwa BEHAUPT, BEWEIS, BESTREIT. Der Name entspricht einer Verbform ohne Flexionsmorpheme, wodurch der Mustercharakter betont werden soll, weil das unflektierte Verb nicht zur Beschreibung einer Handlung verwendet werden kann. Daß diese Form die bekannte Imperativform ist, ist nicht zufällig: Im Befehl bzw. in der Aufforderung wird auf das Muster verwiesen, nach dem gehandelt werden soll. Die Möglichkeit, sie zu befehlen, ist charakteristisch für Handlungen. Wir können deshalb sagen, daß eine Handlung etwas ist, was befohlen werden kann, und das macht m.E. intuitiv genügend Sinn. Die Großschreibung der Namen von Handlungsmustern ist arbiträr. Sie dient wie ⌜ ⌝ der Kenntlichmachung.

Einige Hilfssymbole:

Sei HX eine Variable für Handlungsmuster und seien HA, HB, ... Zeichen für bestimmte, doch nicht bekannte Handlungsmuster, dann definieren wir $HX_{i_1 \ldots i_n}$, mit $n \in \omega$ (i.e. der Menge der natürlichen Zahlen), als Spezifikation von HX im Hinblick auf die Agenten, die nach HX handeln können. Ist $n = 1$, sprechen wir von monologischem Handeln. Ist $n \geq 2$, sprechen wir von dialogischem bzw. n-logischem Handeln. Die Reihenfolge der $i_j$ bei einem bestimmten Handlungsmuster, etwa $BEWEIS_{i,j}$, entspricht der Folge der Argumente in Sätzen der Art:

(5) Karl beweist Fritz, daß Emil eine Mutter hat.

wobei i = Karl und j = Fritz.
Bei Beschreibungen, in denen eine vorab fixierte Menge von Agenten vorkommt, schreiben wir anstelle von i,j... einfach 1,2....
(5) verweist darauf, daß die HX noch in einer weiteren Weise zu spezifizieren sind. Dort heißt es: "..., daß Emil eine Mutter hat". Da dies ein Ausdruck ist, mit dem auf eine Proposition Bezug genommen werden kann, schreiben wir dafür p. Genau:

(6) $BEWEIS_{i,j}(p)$

Zu lesen: i beweist j, daß p.
In dem Spiel BEWEISEN, das in 3.3 eingeführt wird, kommt eine weitere Spezifikation von Handlungen vor:

(7) $ÄUSSER_i(a)$

Zu lesen: i äußert den Ausdruck a. Dabei steht a für einen Ausdruck unserer Sprache, der in expliziter Form als Zitat zu verstehen ist, etwa:

(8) ÄUSSER$_i$(*Ich habe Hunger*)

Handlungsmuster können zueinander in verschiedenen Relationen stehen, von denen ich eine definieren will, weil sie in dem folgenden Spiel von Interesse ist. Gemeint ist eine Relation, die in unserer Sprache etwa so ausgedrückt wird:

(9) Man kann jemand töten, indem man ihn aufhängt.

(10) Man kann jemand erfreuen, indem man ihm eine Schallplatte schenkt.

Diese Beziehung, kurz "indem"-Relation oder Pfeilrelation (entsprechend der graphischen Darstellung) genannt, ist nicht symmetrisch, d.h. wenn gilt:

(11) HA indem HB

gilt nicht auch

(12) HB indem HA.

es sei denn HB = HA, wodurch (11) und (12) trivial würden. Wir schreiben

(13) HA → HB

Zu lesen: HA indem HB oder auch HA erzeugt HB, was besagen soll, daß das Handeln nach dem Muster HA ein Handeln nach dem Muster HB erzeugt, etwa das Behaupten das Äußern. Die Pfeilrelation ist nicht mit der logischen Implikation zu verwechseln. Wenn gilt

(14) HA → HB

heißt das nicht, daß es unmöglich ist, nach HA zu handeln, ohne nach HB zu handeln und nicht, daß es unmöglich ist nach HB zu handeln, ohne nach HA zu handeln. Um eine Verwechslung von Pfeilrelation und Implikation zu vermeiden, bestimmen wir, daß die Implikationsrelation durch " $\Longrightarrow$ " ausgedrückt wird. Es gibt bei HA → HB im allgemeinen auf beiden Seiten des Pfeils einen sogenannten Überschuß, d.h. es sind Handlungen nach HA möglich, die nicht nach HB sind und umgekehrt. Dadurch wird die Aussage, daß HA → HB gelten soll, zu einer empirischen Aussage.

## 3.3 Das Spiel BEWEISEN

Im folgenden gebe ich eine halbformale Beschreibung von BEWEISEN, die von der in 3.2 dargestellten Sprache der Handlungstheorie, sowie einigen Konzepten der Mengentheorie und der formalen Logik Gebrauch macht. Dies ist sicher nicht die Form, in der das Spiel Schülern, die es spielen sollen, vorgestellt werden kann, aber eine gute Form für Linguisten, die über ein gewisses Wissen auf dem Gebiet formaler Theorien verfügen, weil es eine übersichtliche Form ist. Um einem Mißverständnis zuvorzukommen, das ich bei Diskussionen in ähnlichen Zusammenhängen feststellen konnte,[10] möchte ich betonen, daß das Spiel nicht notwendig an die Form der Darstellung gebunden ist, die hier von ihm gegeben wird. Was zu der relativ komplizierten Darstellung zwingt, ist die Tatsache, daß im Rahmen einer schriftlichen Arbeit, keine hinweisende Erklärung abgegeben werden kann und keine Möglichkeit besteht, etwas vorzumachen, beides Handlungen, die in der Erlernung von Spielen in der Praxis von großer Hilfe sind.[11]

Das Spiel:

(A) Die Spieler

Sei $\Pi$ die Menge der Spieler von BEWEISEN
$\Pi = \{P_1, P_2, P_3\}$
Alle $P_i$, mit i = 1, 2, 3, sind gleich, d.h. sie haben gleiche Rollen in Bezug auf das Spiel. (Siehe dazu BK1 in 3.4)

(B) Die Handlungsmuster

Die $P_i$ können, entsprechend den unten ausgeführten Regeln von BEWEISEN, nach folgenden Mustern handeln:
HM = {BEHAUPT, BEZWEIFEL, BESTREIT, BEJAH, SCHLIESS, BEWEIS, ZURÜCKNEHM, ÄUSSER, LEG, WEGNEHM}
Die Elemente von HM können in Basismuster (BM) und abgeleitete

---

10 Ich habe im Rahmen eines Projekts des Deutschen Instituts für Fernstudien ein ähnliches Spiel entwickelt und bin dabei auf Mißverständnisse bei Wissenschaftlern verschiedenster Provenienz gestoßen: Sie haben das Spiel mit der Form der Darstellung des Spiels verwechselt, was sie veranlaßte, das Spiel als für Schüler zu formal abzulehnen.
11 Siehe hierzu Muckenhaupt, 1976.

Muster (AM) eingeteilt werden.

BM = {ÄUSSER, LEG, WEGNEHM}

AM = HM - BM (das Komplement von BM bezüglich HM)

Die Erzeugungen, die in HM gelten, werden im Rahmen der Spielregeln angegeben.

(C) Die Sprache L

Die $P_i$ verfügen über eine Menge L von sprachlichen Ausdrücken (i.e. über eine Sprache L), die sie in Handlungen nach HX $\varepsilon$ HM verwenden können. Da |L| zumindest sehr groß ist (siehe dazu BK6 in 3.4), muß L durch rekursive Regeln gegeben werden. Dazu definiere ich zuerst eine Menge S von Basisausdrücken von L. dann eine kategoriale Grammatik zu L.

S = Q ∪ K ∪{*daß, sondern, auch, aber, wenn, und, oder, also, ja, nein, nicht, das, doch, es stimmt, das ist kein Argument dafür, das ist kein Beweis dafür, ich muß, du mußt, er muß, man muß, ich kann, du kannst, er kann, man kann, ich darf, du darfst, er darf, man darf, ich habe, du hast, er hat, man hat, behaupten, bezweifeln, bestreiten, bejahen, schließen, beweisen, zurücknehmen, äußern, legen, wegnehmen, behauptet, bezweifelt, bestritten, bejaht, geschlossen, bewiesen, zurückgenommen, geäußert, gelegt, weggenommen*}

Q steht für folgende Menge von Sätzen, die auf Kärtchen gedruckt den Spielern in Teilmengen zu je 10 Sätzen zu Beginn des Spiels ausgehändigt werden:

(1) Als Carlos den Sud getrunken hatte, den Don Juan zubereitet hatte, wurde er zum Vogel und flog über Wälder und Seen.

(2) In einem kleinen Lederbeutel führte Don Juan seinen Freund, den kleinen Rauch, mit sich, eine Art Tabak, der ihm half, in und durch alle Gegenstände zu dringen und seinen Körper zu verlassen.

(3) Jeder Mensch hat in sich eine unsterbliche Seele, die nach seinem irdischen Tod in eine Hölle unendlicher Qual oder einen Himmel von Seligkeit geleitet wird, je nach den Taten, die er zu seinen Lebzeiten vollbracht hat.

(4) Der amerikanische Astronaut Armstrong erfüllte einen jahrtausende alten Traum der Menschheit, als er als erster Mensch den Mond betrat.

(5) Gott ist so mächtig, daß er auf die Bitte Josuas hin die Sonne über dem Tal stillstehen lassen konnte, damit dessen Heer seine Feinde vernichten konnte.

(6) Die moderne Technik unserer Tage ermöglicht, Menschen, die sich auf der entgegengesetzten Seite der Erde befinden, zu hören und zu sehen.

(7) Don Juan verfügt über Zauberkugeln, die er Menschen in den Leib einschmelzen kann, um sie zu töten, gleichgültig, wo sie sich gerade befinden.

(8) Moses teilte das Rote Meer, damit das Volk trockenen Fußes hindurchgehen konnte.

(9) Julius Caesar teilte in einem Interview mit Karl Haas von NBC mit, daß er Ariovist eigenhändig die Nase abgerissen hat.

(10) Ein guter Schütze kann mit der neuen Winchester einem Büffel auf 1000m ein Auge ausschießen.

(11) Seit sich die Werfer mit Anabolica behandeln lassen, sind die Rekorde auf Weiten angestiegen, die man früher für unerreichbar gehalten hätte.

(12) Einem Ärzteteam in Buenos Aires ist es gelungen, einem Indianerkind ein künstliches Herz einzusetzen.

(13) Die primitiven Indianer haben Schwierigkeiten, sich an die wesentlich höhere Kultur der weißen Siedler anzupassen.

(14) Die abendländische Kultur ist anderen Kulturen überlegen, weil in ihr Aberglaube und Wunderglauben durch wissenschaftliches Denken ersetzt wurde.

(15) Die Arroganz vieler Menschen, die ihre Welterkenntnis als Maß für die Welterkenntnis aller Menschen setzen, ist darin begründet, daß sie unfähig sind, Alternativen zu denken.

(16) Als Hans die zweite Flasche Champagner geleert hatte, veränderte sich die Welt für ihn so, daß er Dinge sehen konnte, die ihm nie aufgefallen waren.

(17) Auf seiner dritten Reise mit Mescalito besuchte Carlos die Gräber seiner Träume auf der Rückseite des Mondes.

(18) Die Apollofahrer haben berichtet, daß auf der Rückseite des Mondes ein sehr großer Krater zu finden ist, der nicht von einem Meteoreinschlag herrühren kann.

(19) Ein britisches Expeditionsteam fand einen Indianerstamm, der nie zuvor mit Weißen kontakt hatte und der sich dadurch auszeichnet, daß Krankheiten bei ihm unbekannt sind, was zur Folge hat, daß viele über 300 Jahre alt werden.

(20) Die Tatsache, daß die Azteken, wie Juden und Christen, an die Wiederkunft eines Gottes glauben, läßt darauf schliesen, daß zwischen beiden Kulturkreisen in vorchristlicher Zeit Beziehungen bestanden haben müssen.

(21) Was für uns Realität ist, ist die Zwangsvorstellung, die wir von der Welt haben müssen, weil wir gelehrt worden sind, sie so zu sehen.

(22) Da Hannibal bei Nacht in Rom einmarschierte, ließ er seine Elefanten auf Zehenspitzen gehen, damit die Leute nicht durch ihr Getrampel aufgeweckt werden konnten.

(23) In Spanien gibt es Häuser, bei denen Tür- und Fensterrahmen blau angestrichen sind, um böse Geister davon abzuhalten, in das Haus einzudringen.

(24) Wissenschaftliche Untersuchungen haben bewiesen, daß es Menschen unmöglich ist, ohne Zuhilfenahme von Flugapparaten auch nur 10m weit zu fliegen.

(25) Wir erkennen die Welt genau so, wie sie wirklich ist.

(26) Zenon hat bewiesen, daß die Annahme, daß es etwas außerhalb von uns selbst gibt, unlogisch ist.

(27) Mescalito zeigte Carlos das Wesen der Dinge: Er zeigte ihm die Dinge an sich.

(28) Wir verdanken es dem Verantwortungsbewußtsein und der Cleverness der Journalisten des Daily Mirror, daß der ungeheure Betrug von Houston aufgedeckt wurde, mit dem die NASA glauben machen wollte, daß Menschen auf dem Mond waren.

(29) Die Tatsache, daß alle Menschen Brüder sind, zeigt, daß es einen Gott geben muß, der sie erschaffen hat.

(30) Als Carlos den Teufel sah, floh er in die $6^{te}$ Dimension, um sich zu verbergen.

Wie Q steht K für eine Menge von Sätzen, die ich allerdings nicht explizit angeben kann, weil sie, um reich genug für ein interessantes Spiel zu sein, so mächtig sein müßte, daß ihre Aufzählung Bände füllen würde. Es wäre möglich, eine Aufzählung der Elemente von K mit Hilfe einer Grammatik zu geben, die alle Elemente von Q aus einer endlichen Basis erzeugt.[12] Aber der Zeitaufwand, der für die Definition einer solchen Grammatik nötig wäre, steht in keinem Verhältnis zu der Funktion, die K in BEWEISEN hat. In K sollen Sätze sein, die allein oder in einer noch darzustellenden Verbindung mit weiteren Basisausdrücken von L als Argumente für oder gegen das vorgebracht werden können, was mit Sätzen aus Q behauptet werden kann. Wenn K durch eine rekursive Grammatik gegeben wird, wird dadurch nicht erreicht, daß die $P_i$ K überblicken können, um jeweils die Elemente von K zu wählen, die sie brauchen können. Dies könnte allenfalls dadurch erreicht werden, daß alle Elemente von K explizit in einer Liste aufgezählt werden, die möglichst übersichtlich aufgebaut ist. Da dies, wie gesagt, nicht

---

12 Eine Aufzählung der Elemente von K scheint mir noch aus einem weiteren Grund nicht wünschenswert: Sie würde vermutlich zuviel präjudizieren.

möglich ist, gebe ich eine intensionale Definition für K: Elemente von K sind alle Sätze, die dazu verwendet werden können, etwas zu behaupten, was von Propositionen, die mit Sätzen aus Q behauptet werden können, impliziert wird. (siehe dazu BK10 in 3.4) Beispiele solcher Sätze:

(31) Don Juan konnte seinen Körper verlassen.

(32) Es gibt eine Hölle.

(33) Armstrong ist Astronaut.

(34) Caesar hat Ariovist die Nase abgerissen.

(35) Büffel haben Augen.

(36) Elefanten können auf Zehenspitzen gehen.

(37) Es gibt Geister.

(38) Hans hat Champagner getrunken.

(39) Die Dinge haben ein Wesen.

(40) Indianer haben Schwierigkeiten, sich an die Kultur der Weißen anzupassen.

(40) kann als Beispiel dafür betrachtet werden, daß strittig sein kann, ob ein Satz die Bedingung erfüllt, die oben dafür aufgeführt wurde, daß ein Satz Element von K ist. Ziel des Beweisspiels ist es, in derart strittigen Fällen zu einer Verständigung darüber zu kommen, wie geredet werden soll.

Basiskategorien von L:

$B_0$ = {*ja, nein, das ist kein Argument dafür, das ist kein Beweis dafür, doch*}

$B_1$ = $\{Q \cup K\}$

$B_2$ = {*daß*}

$B_3$ = {*aber, wenn, und, oder, also*}

$B_4$ = {*es stimmt, das ist kein Argument dafür, das ist kein Beweis dafür*}

$B_5$ = {*nicht, auch*}

$B_6$ = {*sondern*}

$B_7$ = {*das*}

$B_8$ = {*ich muß, du mußt, er muß, man muß, ich darf, du darfst, er darf, man darf, ich kann, du kannst, er kann, man kann*}

$B_9$ = {*ich habe, du hast, er hat, man hat*}

$B_{10}$= {*behaupten, bezweifeln, bestreiten, bejahen, beweisen, schließen, äußern, zurücknehmen, legen, wegnehmen*}

$B_{11}$= {*behauptet, bezweifelt, bestritten, bejaht, bewiesen, geschlossen, geäußert, gelegt, zurückgenommen, weggenommen*}

Abgeleitete Kategorien von L sind:

$C_1$ = die Menge aller x, so daß entweder

(a) $x = yz$, wobei $y \varepsilon B_8$ und $z \varepsilon B_{10}$

oder

(b) $x = yrz$, wobei $y \varepsilon B_8$, $r \varepsilon B_5$ und $z \varepsilon B_{10}$

oder

(c) $x = yrz$, wobei $y \varepsilon B_8$, $r \varepsilon B_7$ und $z \varepsilon B_{10}$

oder

(d) $x = yrsz$, wobei $y \varepsilon B_8$, $r \varepsilon B_7$, $s \varepsilon B_5$ und $z \varepsilon B_{10}$

oder

(e) $x = yrsz$, wobei $y \varepsilon B_8$, $r \varepsilon B_5$, $s \varepsilon B_7$ und $z \varepsilon B_{10}$

$C_2$ = die Menge aller x, so daß entweder

(a) $x = yz$, wobei $y \varepsilon B_9$ und $z \varepsilon B_{11}$

oder

(b) $x = yrz$, wobei $y \varepsilon B_9$, $r \varepsilon B_5$ und $z \varepsilon B_{11}$

oder

(c) $x = yrz$, wobei $y \varepsilon B_9$, $r \varepsilon B_7$ und $z \varepsilon B_{11}$

oder

(d) $x = yrsz$, wobei $y \varepsilon B_9$, $r \varepsilon B_7$, $s \varepsilon B_5$ und $z \varepsilon B_{11}$

oder

(e) $x = yrsz$, wobei $y \varepsilon B_9$, $r \varepsilon B_5$, $s \varepsilon B_7$ und $z \varepsilon B_{11}$

$C_3$ = die Menge aller x, so daß entweder

(a) $x \varepsilon B_1$

oder

(b) $x = yrz$, wobei $y \varepsilon C_1$, $r \varepsilon B_2$ und $z \varepsilon B_1$

(Diese Regel bedarf einer informalen Ergänzung: Wenn $z \varepsilon B_1$, erhält man ein x, das in vielen Fällen in der Wortstellung verschieden von den entsprechenden Sätzen unserer Sprache ist. Dies ist entgegen meiner Intention, als Sätze von L nur solche Ausdrücke zu haben, die auch Sätze unserer Sprache sind. Der "Defekt" dieser $x \varepsilon C_3$ ließe sich durch eine Transformationsregel beheben. Eine explizite Formulierung einer solchen Regel scheint mir für die hier verfolgten Ziele unnötig, da vermutlich jedem Leser intuitiv klar ist, wie sie zu operieren hat. Ich verzichte deshalb hier, wie auch im folgenden, auf eine explizite Formulierung solcher Regeln.)

oder

(c) $x = yrz$, wobei $y \in C_2$, $r \in B_2$ und $z \in B_1$

oder

(d) $x = yrz$, wobei $y \in B_4$, $r \in B_2$ und $z \in B_1$

oder

(e) $x = yrsz$, wobei $y =$ *es stimmt*, $r \in B_5$, $s \in B_2$ und $z \in B_1$

oder

(f) $x = yrz$, wobei $y \in C_3$, $r \in B_3$ und $z \in C_3$

oder

(g) $x = yrz$, wobei $y = stu$, wobei $s = mlh$, mit $m \in B_8$, $l =$ *nicht* und $h \in B_{10}$, oder $m \in B_9$, $l =$ *nicht* und $h \in B_{11}$, oder $m \in B_4$, $l =$ *nicht* und $h = \emptyset$, i.e. h ist leer, $t \in B_2$ und $u \in B_1$, $r \in B_6$ und $z \in B_1$

Wir definieren jetzt als Menge der Sätze von L, die Menge $\Sigma$:
$\Sigma = C_3 \cup B_0$

(D) Die Logik von BEWEISEN

Die $P_i$ können in BEWEISEN Propositionen behaupten, bezweifeln, bestreiten usw. Sie tun dies, indem sie Sätze von L äußern (im Fall von Sätzen aus Q, indem sie ein Kärtchen ablegen). Welche Propositionen sie mit welchen Sätzen behaupten können, wird nicht bestimmt. Es wird unter (E) lediglich teilweise bestimmt, welche Sätze unter welchen Bedingungen zur Behauptung derselben Proposition verwendet werden können. Hier werden Regeln für den logischen Umgang mit Propositionen definiert, die formal bleiben, insofern als sie "ohne Ansehen der Propositionen" als bestimmte Propositionen definiert werden:

Sei $A = \{p_1, \ldots\ldots, p_n, \ldots\}$ die Menge der Propositionen von BEWEISEN.
A sei wie folgt aufgebaut:

(i) $\forall p_i (p_i \in A \Longrightarrow \sim p_i \in A)$
(ii) $\forall p_i p_j (p_i \in A \wedge p_j \in A \Rightarrow p_i \wedge p_j \in A)$

((i) und (ii) genügen, um den Aufbau von A zu beschreiben. Alles übrige kann auf die übliche Weise definiert werden.)

In BEWEISEN gelten folgende logische Regeln:

(a) Wenn ein $P_i$ behauptet, daß $p_j$, dann d a r f er nicht $\sim p_j$ behaupten.[13]

(b) Wenn ein $P_i$ behaupten darf, daß $p_j$, dann darf er auch behaupten, daß $p_j \vee p_n$, wobei $p_n$ eine beliebige Proposition ist.

(c) Wenn ein $P_i$ behauptet hat, daß $p_j \wedge p_n$, h a t er $p_j$ behauptet und $p_n$ behauptet.

(d) Wenn ein $P_i$ behaupten darf, daß $p_j$ und daß $p_j \Longrightarrow p_h$, dann darf er auch $p_h$ behaupten.

(e) Wenn ein $P_i$ behauptet, daß $p_j \wedge \sim p_j$, dann dürfen seine Gegner jedes beliebige $p_h$ behaupten.

(f) Das sind alle Regeln.

(E) Spielregeln für BEWEISEN

(a) Die Ordnung der Spielzüge

$\Pi$ erhält eine algebraische Struktur, so daß, wenn $P_i$ am Zug ist für jedes i bestimmt werden kann, welcher $P_j$ auf $P_i$ folgt:
Wir haben $P_1$, $P_2$ und $P_3$ und definieren folgende Rechenregeln:

(i) $1 + 1 = 2$

(ii) $2 + 1 = 3$

(iii) $3 + 1 = 1$

Wenn $P_i$ am Zug ist, und $P_i$ ist $P_3$, ist der folgende Spieler $P_j$ immer $P_1$. Das Spiel wird durch einen Zug von $P_1$ eröffnet. Alles weitere regeln die Spielregeln.

(b) Die Spielaufgabe

Jeder Spieler erhält 10 Sätze aus Q, derart, daß die Teilmengen von Q, die die Spieler haben, disjunkt sind. Jeder Spieler kennt Q als Ganzes und natürlich seine Teilmenge von Q, nicht aber die Teilmengen von Q, die seine Kontrahenten erhalten. Sinn des Spiels ist, daß jeder $P_i$ versucht, möglichst viele Sätze aus sei-

---

13 Regel (a) gilt nur, wenn $P_i$ die Behauptung, daß $p_j$ nicht explizit zurückgenommen hat. Hat er $p_j$ zurückgenommen, zählt $p_j$ nicht länger als von ihm behauptet. Er kann allerdings von den Mitspielern daran gehindert werden, etwas zurückzunehmen. Dies ist vorgesehen, um deutlich zu machen, daß Behaupten eine Handlung ist, die man zu verantworten hat, und daß man sich aus der Verantwortung für das Behauptete nicht einfach herausreden kann.

ner Teilmenge von Q erfolgreich zu behaupten.

(c) Beweislast

Eine Partie von BEWEISEN besteht aus einer Kette von Disputen. In jedem Disput hat zunächst der Spieler die Beweislast, der die erste Behauptung macht. Gelingt es ihm nicht, einen Beweis erfolgreich zu führen, dann geht die Beweislast an den Spieler über, der als erster eine Behauptung in dem Disput bestritten hat, und so weiter.

(d) Die möglichen Spielzüge und die Bedingungen für das Handeln nach den einschlägigen Mustern HM

(i) $LEG_i(a)$, wobei a ein Element der Teilmenge von Q ist, die ein $P_i$ zugeteilt bekommen hat (gegeben als Kärtchen, das abgelegt werden kann).
Eine Handlung nach diesem Muster kann in jedem Disput nur von dem Spieler durchgeführt werden, der den Disput eröffnet. Innerhalb des Disputs kann er es immer dann, wenn er am Zug ist. Erfolg hat er mit dieser Handlung nur, wenn die Behauptung, die er damit macht, akzeptiert wird. (Siehe dazu unten (iv)). Eine möglichst häufige erfolgreiche Durchführung von Handlungen nach dem Muster $LEG_i(a)$ ist im Interesse der $P_i$, da am Ende der Spieler gewonnen hat, der am häufigsten nach diesem Muster handeln konnte.

(ii) $WEGNEHM_i(a)$, wobei a wie in (i).
Eine Handlung nach diesem Muster muß ein $P_i$ durchführen, wenn seine Handlung nach dem Muster $LEG_i(a)$ nicht erfolgreich war. Er tut es, indem er das Kärtchen, das er abgelegt hat, wieder entfernt.

(iii) $ÄUSSER_i(a)$ mit $a \in \Sigma$.
Nach diesem Muster kann jeder $P_i$ ohne Einschränkung immer dann handeln, wenn er am Zug ist. Eine Spezifikation von a ist erst im Hinblick darauf zu berücksichtigen, daß ein $P_i$, indem er etwas äußert, etwas - etwa behaupten - tun will.

(iv) $BEHAUPT_i(p)$ mit $p \in A$.
Allgemein gilt: $BEHAUPT_i(p) \rightarrow LEG_i(a)$, wenn $p_i$ eine Behauptung mit einem $a \in Q$ machen will, oder $BEHAUPT_i(p) \rightarrow ÄUSSER_i(a)$, wenn

$P_i$ eine andere Behauptung machen will. Bedingungen für erfolgreiches Handeln nach BEHAUPT$_i$(p):

(α) $P_i$ ist am Zug.

(β) $P_i$ hat nicht in einem früheren Zug nach dem Muster BEHAUPT$_i$(~p) gehandelt, oder er hat eine solche Handlung, sofern er sie durchgeführt hat, explizit zurückgenommen, indem er nach dem Muster ZURÜCKNEHM$_i$(~p) gehandelt hat. Nach dem Muster BEHAUPT$_i$(~p) hat $P_i$ gehandelt, wenn er entweder ~p direkt behauptet hat oder ein q behauptet hat, das ~p impliziert. Ob er dies getan hat, kann Gegenstand des Disputs sein.

(γ) $P_i$ kann p prinzipiell durch die Äußerung verschiedener $a \in \Sigma$ behaupten. Wenn sein Akt nach BEHAUPT$_i$(p) eine Eröffnung eines Disputs ist, muß das a, das er dabei äußert, aus $C_3$ sein. Ist es eine Eröffnung des Spiels, gilt zusätzlich die Bedingung, daß $a \in Q$ oder $a \in K$ (siehe dazu BK15 in 3.4). Für $a \in B_0$ gelten folgende Bedingungen: Damit ein Akt nach ÄUSSER$_i$(a) mit $a \in B_0$ eine Behauptung sein kann, muß ein $p \in A$ identifizierbar sein, das mit der Äußerung von a gemeint werden kann. Wie dies geschehen kann, muß für jedes $a \in B_0$ einzeln gezeigt werden:

Fall 1: ÄUSSER$_i$(*ja*) ist ein Akt nach BEHAUPT$_i$(p), gdw. $P_i$ am Zug ist, und der Spieler $P_j$, der vor $P_i$ am Zug war, nach dem Muster BEHAUPT$_j$(p) gehandelt hat.

Fall 2: ÄUSSER$_i$(*nein*) ist ein Akt nach BEHAUPT$_i$(p), gdw. $P_i$ am Zug ist und der Spieler $P_j$, der vor $P_i$ am Zug war, nach dem Muster BEHAUPT$_j$(q) gehandelt hat, wenn gilt q = ~p.

Fall 3: ÄUSSER$_i$(*das ist kein Argument dafür*) ist ein Akt nach BEHAUPT$_i$(~(p $\Longrightarrow$ q)), gdw. $P_i$ am Zug ist, und der Spieler $P_j$ nach dem Muster BEHAUPT$_i$(p) gehandelt hat, um eine Behauptung q, die er oder $P_h$, mit $h \neq i$, zuvor gemacht hat, und die von $P_i$ bezweifelt oder bestritten wurde, zu beweisen.

Fall 4: ÄUSSER$_i$(*das ist kein Beweis dafür*) ist ein Akt nach BEHAUPT$_i$(~($\Gamma \vdash$ q)), gdw. $P_i$ am Zug ist und der Spieler $P_j$, der vor $P_i$ am Zug war, nach dem Muster BEWEIS$_{j,i}$(q) zu handeln versucht hat, indem er im Verlauf des Disputs eine Menge Γ von Propositionen behauptet hat und versucht hat, auf der Grundlage dieser Behauptungen nach SCHLIESS$_j$(q) zu handeln. ("$\Gamma \vdash$ q" ist zu lesen:

q ist ableitbar von Γ.)

Fall 5: $ÄUSSER_i$(*doch*) ist ein Akt nach dem Muster $BEHAUPT_i$(p), gdw. $P_i$ am Zug ist, und der Spieler $P_j$, der vor $P_i$ am Zug war, nach dem Muster $BESTREIT_j$(p) gehandelt hat.

Allgemein gilt, daß ein Akt nach $BEHAUPT_i$(p) erfolgreich war, wenn beide Kontrahenten von $P_i$ nach BEJAH(p) handeln.

(v) $BEZWEIFEL_i$(p) mit $p \in A$
Allgemein gilt: $BEZWEIFEL_i(p) \rightarrow ÄUSSER_i$(*ich muß bezweifeln, daß* a), wobei $a \in C_3$. Damit ein Akt nach $ÄUSSER_i$(*ich muß bezweifeln, daß* a) ein Akt nach $BEZWEIFEL_i$(p) ist, muß es möglich sein, daß $BEHAUPT_j(p) \rightarrow ÄUSSER_j(a)$, wobei j von i nicht verschieden zu sein braucht, und ein Spieler $P_h$, der vor $P_i$ oder vor $P_j$, der seinerseits vor $P_i$ am Zug war, am Zug war, muß nach dem Muster $BEHAUPT_h$(p) gehandelt haben.

(vi) $BESTREIT_i$(p) mit $p \in A$
Allgemein gilt: $BESTREIT_i(p) \rightarrow ÄUSSER_i(a)$, wobei a einer der folgenden Ausdrücke sein kann:

(α) *nein*
(β) *doch*
(γ) *ich muß bestreiten, daß* b, wobei $b \in C_3$
(δ) *es stimmt nicht, daß* b, wobei $b \in C_3$
(φ) irgend ein a, mit dem ein q behauptet werden kann, derart daß $q \Longrightarrow \neg p$

Damit ein Akt nach $ÄUSSER_i$(a), wobei a ein Ausdruck nach (α) - (φ) ist, ein Akt nach $BESTREIT_i$(p) sein kann, muß diesem Akt von $P_i$ in der Partie von BEWEISEN, in der er durchgeführt wird, ein Akt nach $BEHAUPT_j$(p), mit $j \neq i$ vorausgegangen sein.

(vii) $BEJAH_i$(p) mit $p \in A$
Allgemein gilt: $BEJAH_i(p) \rightarrow ÄUSSER_i$(*ja*) oder $BEJAH_i(p) \rightarrow ÄUSSER_i$ (*es stimmt, daß* a), wobei $a \in C_3$. Damit $ÄUSSER_i$(*ja*) ein Akt nach dem Muster $BEJAH_i$(p) sein kann, muß $P_i$ am Zug sein, und der Spieler $P_j$, der vor $P_i$ am Zug war, muß nach $BEHAUPT_j$(p) gehandelt haben.
Damit $ÄUSSER_i$(*es stimmt, daß* a) ein Akt nach $BEJAH_i$(p) sein kann, muß $P_i$ am Zug sein, und entweder der Spieler, der vor $P_i$ am Zug war, oder der Spieler, der vor diesem Zug am Zug war, oder $P_i$

selbst muß nach BEHAUPT(p) gehandelt haben.

(viii) $\text{BEWEIS}_{i,j}(p)$ mit $p \varepsilon A$
Allgemein gilt: $\text{BEWEIS}_{i,j}(p) \rightarrow \text{BEHAUPT}_i(p_1,\ldots,p_n) \rightarrow \text{ÄUSSER}_i(a_1, \ldots, a_m)$ und $\text{BEJAH}_j(p_1,\ldots,p_n \vdash p) \rightarrow \text{ÄUSSER}_j(a)$, wobei $a_1,\ldots,a_m$ und a entsprechende Ausdrücke nach (iv) und (vii) sind.
$\text{BEWEIS}_{i,j}(p)$ ist ein dialogisches Handlungsmuster, d.h. erfolgreiches Handeln nach diesem Muster hat Kooperation von $P_i$ und $P_j$ zur Bedingung. Damit ein Akt nach $\text{BEWEIS}_{i,j}(p)$ sein kann, muß nicht allein $P_j$ nach $\text{BEJAH}_i(p)$ handeln, sondern $P_i$ muß vorher im Disput nach $\text{BEHAUPT}_i(p)$ und $P_j$ daraufhin nach $\text{BEZWEIFEL}_j(p)$ oder $\text{BESTREIT}_j(p)$ gehandelt haben.

(ix) $\text{SCHLIESS}_i(p)$
Allgemein gilt: $\text{SCHLIESS}_i(p) \rightarrow \text{ÄUSSER}_i$(a, *also* b), wobei a, b $\varepsilon$ $C_3$ (a kann leer sein).[14]
Damit ein Akt nach $\text{SCHLIESS}_i(p)$ ist, muß $P_i$, wenn er nach $\text{ÄUSSER}_i$ (a, *also* b) handelt, am Zug sein, entweder $P_i$ oder ein anderer Spieler muß zuvor in dem Disput nach dem Muster BEHAUPT(q) gehandelt haben, und $P_i$ muß, wenn er dazu von $P_j$ oder $P_h$ aufgefordert wird, bejahen, daß er nach dem Muster $\text{BEHAUPT}_i(q \Longrightarrow p)$ handeln muß, wenn er nach $\text{SCHLIESS}_i(p)$ handelt.

(x) $\text{ZURÜCKNEHM}_i(p)$
Allgemein gilt: $\text{ZURÜCKNEHM}_i(p) \rightarrow \text{ÄUSSER}_i$(*ich muß zurücknehmen, daß* a), wobei a $\varepsilon$ $C_3$, oder $\text{ZURÜCKNEHM}_i(p) \rightarrow \text{WEGNEHM}_i(a)$, wobei a Element der Teilmenge von Q ist, die $P_i$ zugeteilt wurde. Damit ein Akt nach $\text{ZURÜCKNEHM}_i(p)$ ist, muß $P_i$ am Zug sein und zuvor im Spiel nach $\text{BEHAUPT}_i(p)$ gehandelt haben. $P_i$ k a n n alles,

---

14 Mit $\text{ÄUSSER}_i$(a, *also* b) soll der Zusammenhang zwischen Geschlossenem und Vorausgesetztem klargestellt werden. Das a nimmt gewissermaßen einen vorausgegangenen Akt nach $\text{BEHAUPT}_i$ (p) auf, um deutlich zu machen, an welche der bereits gemachten Behauptungen es sich anschließt. Man könnte auch vorsehen, daß es möglich ist, nach $\text{SCHLIESS}_i(p) \rightarrow \text{ÄUSSER}_i$ (*also* b) zu handeln, wenn - was natürlich nicht allgemein erfaßt werden kann - sinnvoll angenommen werden kann, daß klar ist, woran der Akt sich anschließt. Für eine detailliertere Untersuchung von Schlußformen in täglicher Argumentation siehe etwa Öhlschläger, 1975 und Toulmin, 1958, insbesondere 94ff.

was er behauptet hat zurücknehmen, er m u ß es zurücknehmen, wenn er, indem er p behauptet hat, gegen eine Regel des Spiels verstoßen hat, und dieser Verstoß von einem $P_j \in \Pi$ moniert wurde, etwa dadurch, daß $P_j$ nach BEHAUPT$_j$(q) → ÄUSSER$_j$(*du darfst nicht behaupten, daß* a), wobei a ein Ausdruck ist, mit dem p behauptet werden kann, handelt.

(xi) Das sind alle Regeln dieser Art.

(e) Gebrauchsregeln für Ausdrücke von L
Es werden für BEWEISEN keine Gebrauchsregeln für Ausdrücke von L definiert, die über das hinausgehen, was in (d) implizit gesagt wurde. Der Gebrauch der Ausdrücke ist so, wie der Gebrauch der entsprechenden Ausdrücke in unserer Sprache. Wo er nicht klar ist, ist er im Spiel zu klären.[15]

(f) Das sind alle Regeln von BEWEISEN.

## 3.4 Bemerkungen zu BEWEISEN

BK1: Alle Spieler $P_i$ von BEWEISEN sind gleich definiert. BEWEISEN ist deshalb kein Spiel, an dem soziale Unterschiede zwischen Sprachteilhabern gezeigt werden können. Sie zeigen sich allenfalls in den Partien des Spiels, weil die Spieler immer Personen sind, die bestimmte Rollen in einer Lebensform haben, die auch beim Spielen nicht ganz vergessen werden. Es ist möglich, BEWEISEN so zu erweitern, daß soziale Unterschiede darin berücksichtigt sind. Man tut dies, indem man für verschiedene $P_i$ verschiedene Spielkompetenzen definiert, so daß etwa $P_1$ etwas unter bestimmten Bedingungen tun darf, was $P_2$ nicht darf.

BK2: Das Handlungsmuster BEJAH ist in der Funktion, die es in BEWEISEN hat, etwas seltsam. Besser wäre ZUSTIMM, aber die Verwendung von ZUSTIMM hätte eine Veränderung von L erforderlich gemacht, die Komplikationen in der Grammatik von L verursacht hätte, die sich mit BEJAH vermeiden lassen: Wir haben *du mußt*

---

15 Soweit durch die Spielregeln von BEWEISEN Gebrauchsregeln für sprachliche Ausdrücke gegeben werden, ist dies als ein Versuch zu sehen, zu demonstrieren, was es heißt, daß die Bedeutung eines Ausdrucks sein Gebrauch in einem Sprachspiel ist.

*das bestreiten, du kannst das behaupten, du darfst das zurücknehmen, er kann das bejahen.* Wir müßten analog haben *er darf dem zustimmen.* Nur bei *zustimmen* ist *dem* erforderlich. Da es die Grammatik von L kompliziert hätte, dies als Ausdrucksmöglichkeit vorzusehen, und da für alle Akte im Spiel ein Ausdruck gegeben sein soll, habe ich BEJAH anstelle von ZUSTIMM gewählt.

BK3: Allgemein kann gesagt werden, daß die Wahl bestimmter Handlungsmuster für BEWEISEN aus einer Menge von Handlungsmustern, die in wesentlichen Zügen den gewählten gleichen, ziemlich arbiträr ist. Anstelle von BESTREIT hätte auch WIDERSPRICH vorkommen können, u.ä. Neben solchen mehr oder weniger alternativen Handlungsmustern könnten auch zusätzlich andere Muster in das Spiel integriert werden, um eine Verfeinerung der Handlungsmöglichkeiten, und damit indirekt eine Verfeinerung der Analyse der Bedeutung der entsprechenden Prädikate zu erreichen. Man könnte etwa BEHAUPT, das hier sehr weit - im Hinblick auf unseren alltäglichen Gebrauch von *behaupt* - aufgefaßt wird, auflösen in ERINNER, SAG, HINWEIS u.dgl. Durch fortschreitende Integration solcher Muster könnte das Spiel soweit ausgearbeitet werden, daß es als Form der Analyse tatsächlich stattfindender Argumentation verwendet werden könnte. Ich habe mich hier ziemlich zurückgehalten, weil ich glaube, daß die dabei unvermeidbare Komplexität dem Zweck der Demonstration abträglich wäre.

BK4: Wenn gesagt wird LEG, ÄUSSER, WEGNEHM seien Basismuster, dann soll dies nur heißen, daß sie ad hoc, also für BEWEISEN Basismuster sind.

BK5: Der Ausdruck *Sprache* wird, wo von der Sprache L die Rede ist, in einem sehr engen Sinn verwendet. Sprache heißt hier: Menge von Ausdrücken mit einer durch die Grammatik definierten algebraischen Struktur.

BK6: Es ist sicher möglich eine Sprache L für BEWEISEN zu definieren, die eine finite Kardinalzahl hat, doch müßte dafür ein sehr viel größerer Aufwand an syntaktischen Regeln betrieben werden, als wenn offengelassen wird, wie groß $|L|$ ist. Es kann für manche Zwecke sinnvoll sein zumindest Teile von L explizit einzuführen - ich habe das hier selbst gemacht -, doch muß man sich im Klaren darüber sein, was man dabei tut: Man schreibt eine Sprache fest und restringiert so die Argumentationsmöglichkeiten im Spiel.

BK7: Die Kategorien $B_8$ und $B_9$ von L sind für BEWEISEN ad hoc eingeführt, wie im Grund die ganze Grammatik. Sinn solcher ad hoc-Kategorien ist es, die Grammatik möglichst einfach zu halten. Wenn etwa anstelle von $B_8$ und $B_9$ eine Kategorie für *ich, du, er, man* eingeführt worden wäre, hätte die übrige Grammatik komplizierter angelegt werden müssen.

BK8: Die Einführung von *man* in *man kann, man hat* usw. geschieht in der Absicht, den Spielern die Möglichkeit zu geben, Regelverweise in dem Spiel und nicht gleichsam von außen zu geben. Sinn dieser Regelung ist, einen wesentlichen Aspekt von Argumentation in der Praxis zu zeigen, nämlich den, daß wir, um über die Regeln zu sprechen, nach denen wir beim Argumentieren handeln, nicht aus der Argumentation heraustreten, um auf einer sogenannten Metaebene Regeln zu diskutieren: Alles hat im Spiel zu geschehen.

BK9: Die Satzmenge Q ist in 3.3 völlig zufällig gewählt und vielleicht nicht gerade optimal. Sie soll lediglich der Illustration dienen. An sich sollte in einer allgemeinen Beschreibung Q als Menge von Satzvariablen $v_1,\dots,v_{30}$ gegeben werden, weil Q prinzipiell veränderbar ist und damit einstellbar auf verschiedene interessante Themen. Bei bestimmter Wahl von Q kann es sich sogar erübrigen, eine Gewinnkonstellation zu definieren, weil die Brisanz dessen, was behauptet werden soll, die Spieler ausreichend motiviert, das Spiel ernsthaft auszuführen.

BK10: Die intensionale Definition von K hat neben dem rein praktischen Sinn, K ökonomisch zu bestimmen, noch einen - wesentlicheren - Sinn: Dadurch, daß die Spieler selbst bestimmen müssen, was alles in K ist, bleibt Raum für ihre Kreativität im Hinblick auf das Finden von Argumenten im Spiel. Man könnte daran denken, als Untermenge von K einen Katalog von Topoi explizit vorzugeben, wenn das Spiel dazu verwendet werden soll, Argumentationstechniken zu üben. Material für die Zusammenstellung eines solchen Katalogs findet sich in den klassischen Schriften zur Rhetorik, in sogenannten Eristiken[16] und in allen mehr oder weniger wissenschaftlich gemeinten Argumentationslehren.[17] Dabei sind populäre Werke, z.B. Ratgeber zur beruflichen Fortbildung, oft hilfreicher als sogenannte ernsthaft wissenschaftliche.[18]

BK11: Die Elemente von $B_0$ werden als Sätze verstanden. Sie bilden eine eigene Kategorie, weil sie sich syntaktisch anders verhalten als die übrigen Sätze. So kann man z.B. nicht sagen: "Ich behaupte, daß doch."

BK12: Die Definition von $x \in C_3$ als $x = yrz$, wobei $y \in C_3$, $r \in B_3$ und $z \in C_3$, ist rekursiv, da $C_3$ in der Definition vorkommt. Dies entspricht den Schleifenregeln in generativen Grammatiken[19] und Konstitutionssystemen.[20] Allein schon aufgrund dieser Definition ist L eine unendliche Menge.

BK13: In BEWEISEN wird - in (D), Regel (d) - der modus ponens als Schlußregel eingeführt. Wie logische Untersuchungen zeigen, genügt diese eine Schlußregel, weil jede Argumentation in entsprechende Form gebracht werden kann. Wo es aus didaktischen Gründen wünschenswert scheint, können ohne Schwierigkeit weitere Schlußfiguren eingearbeitet werden. Regel (e) in der Logik von BEWEISEN entspricht der Trivialisierungsregel im Aussagenkalkül. Es handelt sich um das klassische Prinzip: ex falso sequitur quodlibet. Diese Regel hat den Sinn, den Spielern die Konsequenzen von widersprüchlichen Behauptungen drastisch klar zu machen.

BK14: Unter erfolgreichem Handeln nach $\text{BEHAUPT}_i(p)$ oder $\text{BEZWEIFEL}_i(p)$ oder $\text{BESTREIT}_i(p)$ verstehe ich nicht, daß es $P_i$ gelingt, nach dem Muster zu handeln, sondern daß $P_i$ mit diesem Handeln das erreicht, was er damit beansprucht.

BK15: In der Eröffnungsbehauptung kann $P_1$ nicht Ausdrücke verwenden, die andere Akte als notwendige Voraussetzung haben. Genau dies gilt z.B. für $\text{ÄUSSER}_i$(*ich behaupte, daß* a), das sinnvoll nur in Behauptungsakten verwendet werden kann, in denen $P_i$ darauf insistiert, daß er p behauptet hat.

---

16 Siehe etwa Schopenhauer, 1923.
17 Siehe etwa Erdmann, 1924, Rother, 1971.
18 Vgl. Struck, 1975, 16.
19 Siehe etwa Chomsky, 1965.
20 Siehe etwa Heringer, 1972.

LITERATUR

Austin, John L.,1962. *How to Do Things with Words*. Oxford.

Bar-Hillel, Yehoshua, 1954. Indexical Expressions. *Mind* 63. 359 - 379.

Berger, Peter, Luckmann, Thomas, 1970. *Die gesellschaftliche Konstruktion der Wirklichkeit : Eine Theorie der Wissenssoziologie*. (Conditio Humana) Frankfurt a.M.

Bichsel, Peter, 1969. Ein Tisch ist ein Tisch. Peter Bichsel, *Kindergeschichten*. (Sammlung Luchterhand) Neuwied. 18 - 27.

Carnap, Rudolf, 1933. Über Protokollsätze. *Erkenntnis* 3. 215 - 234.
- 1934. *Die logische Syntax der Sprache*. Wien.
- 1968. *Symbolische Logik*. Wien. 3. Auflage.

Carroll, Lewis, 1939. What the Tortoise Said to Achilles. Lewis Carroll, *Complete Works*. London.

Chomsky, Noam, 1965. *Aspects of the Theory of Syntax*. Cambridge Mass.

Cohen, Morris R., Nagel, Ernest, 1963. *An Introduction to Logic*. London.

Drieschner, R., 1963. *Untersuchungen zur dialogischen Deutung der Logik*. Dissertation Hamburg.

Dummett, Michael, 1967. Truth. *Philosophical Logic*, hg. von Peter F. Strawson. (Oxford Readings in Philosophy) Oxford. 49 - 68.

Erdmann, Karl Otto, 1924. *Die Kunst, recht zu behalten*. Leipzig. 3. Auflage.

Feyerabend, Paul, 1963. How to Be a Good Empiricist: A Plea for Tolerance in Matters Epistemological. *Philosophy of Science, The Delawar Seminar*, Bd. 2, hg. von B. Baumrin. 3 -39.
- Against Method: An Anarchistic Theory of Knowledge. *Minnesota Studies in the Philosophy of Science*, Bd. 4, hg. von Michael Radner, Stephen Winokur. Minneapolis.

Feyerabend, Paul, 1972. Von der beschränkten Gültigkeit methodologischer Regeln. *Neue Hefte für Philosophie*, Heft 2/3. 124 - 171.

Frege, Gottlob, 1966. Der Gedanke. Gottlob Frege, *Logische Untersuchungen.* (Kleine Reihe Vandenhoeck 219/220/221) Göttingen. 30 - 53.

Geach, Peter T., 1972. Assertion. Peter T. Geach, *Logic Matters*. Oxford. 254 - 269.

Habermas, Jürgen,1968. Technik und Wissenschaft als 'Ideologie'. Jürgen Habermas, *Technik und Wissenschaft als Ideologie*. (Edition Suhrkamp 287) Frankfurt a.M. 48 - 103.
- 1970. *Zur Logik der Sozialwissenschaften.* Frankfurt a.M.
- 1971. Vorbereitende Bemerkungen zu einer Theorie der kommunikativen Kompetenz. *Theorie der Gesellschaft oder Sozialtechnologie*, hg. von Jürgen Habermas, Niklas Luhmann. (Theorie Diskussion Suhrkamp) Frankfurt a.M.

Homberger, Dietrich, Wippich, Friedhelm, 1975. Schülerarbeitsheft zu *Sprachbuch* 5. Von Reinhard Biedermann, Renate Dietrich-Zuhrt, Josef Fischer, Dietrich Homberger, Joachim Jung, Bruno Strecker, Egon Vollert, Rainer Wimmer, Friedhelm Wippich. Frankfurt a.M.
. 1976. *Sprachbuch* 6. Frankfurt a.M. Erscheint demnächst.

Heringer, Hans Jürgen, 1972. *Deutsche Syntax*. (Sammlung Göschen 5246) Berlin. 2. völlig neu bearbeitete Auflage.
- 1974. *Praktische Semantik*. Stuttgart.

Lenin, Wladimir Iljitsch, 1970. *Materialismus und Empiriokritizismus*. (Reclam Universal Bibliothek) Leipzig.

Lorenz. Kuno, 1961. *Arithmetik und Logik als Spiele*. Dissertation Kiel.
- 1968. Dialogspiele als semantische Grundlage von Logikkalkülen. *Archiv für mathematische Logik und Grundlagenforschung* 11. 33 - 55 und 73 - 108.

Lorenzen, Paul, 1963. Methodisches Denken. *Logique et Analyse* 6. 219 - 231.

Malcolm, Norman, 1958. *Ludwig Wittgenstein : A Memoir*. Oxford.

Montague, Richard, 1970. Englisch as a Formal Language. *Linguaggi nella Società e nella Tecnica*, hg. von Bruno Visentini. Milano. 189 - 223.

Muckenhaupt, Manfred, 1976. *Spiele lehren und lernen : Eine Untersuchung zur Lehrkompetenz und Kompetenzerweiterung bei Schülern im Grundschulalter*. (Linguistische Arbeiten) Tübingen.

Müller, Helmut P., 1966. Tallium: Der Fall Maria Rohrbach. *Der neue Pitaval*, hg. von R. A. Stemmle. München. 11 -107.

Neurath, Otto, 1933. Protokollsätze. *Erkenntnis* 3. 204 - 214.

Nuchelmans, Gabriel, 1973. *Theories of the Proposition.* (North Holland Linguistic Series) Amsterdam, London.

Öhlschläger, Günter, 1975. *Über das Argumentieren.* (Vortrag beim Kolloquium "Argumentationstheorie" im Zentrum für interdisziplinäre Forschung, Juni 1975) Bielefeld. (Vervielfältigt).

Pascal, Blaise, 1962. *Pensées.* Texte établi par Louis Lafuma. Paris.
- 1963. *Die Kunst zu überzeugen.* Übertragen und mit Erläuterungen versehen von Ewald Wasmuth. Heidelberg.

Popper, Karl R., 1934. *Logik der Forschung.* Wien.

Prior, Arthur N., 1971. *Objects of Thought.* Oxford.

Quine, Willard Van Orman, 1970. *The Philosophy of Logic.* (Foundations of Philosophy Series) Englewood Cliffs N.J.

Rodingen, Hubert, 1975. *Die vier Argumentationsweisen der bürgerlichen und der sozialistischen Rechts- und Gesellschaftswissenschaften.* (Vortrag beim Kolloquium "Argumentationstheorie" im Zentrum für interdisziplinäre Forschung, Juni 1975) Bielefeld. (Vervielfältigt).

Rother, Werner, 1971. *Die Kunst des Streitens.* München. 3. Auflage.

Saussure, Ferdinand de, 1969. *Cours de Linguistique Générale.* Paris.

Schnelle, Helmut, 1973. *Sprachphilosophie und Linguistik.* (Studium rororo 30) Reinbek bei Hamburg.

Schopenhauer, Arthur, 1923. Eristische Dialektik. Arthur Schopenhauer, *Sämtliche Werke*, hg. von Paul Deussen. München. Bd. 6, 393 - 426.

Staal, J. F., Formal Logic and Natural Language: A Symposium. *Foundations of Language* 5. 256 - 284.

Strawson, Peter F., 1952. *Introduction to Logical Theory.* London.
- 1971. *Logico-Linguistic Papers.* London.

Stenius, Eric, 1967. Mood and Language-Game. *Synthese* 17. 254 - 274.

Strecker, Bruno, 1973. Bedeutungserlernung im Fremdsprachunterricht. *Deutsch als Fremdsprache und neuere Linguistik.* Referate eines Fortbildungskurses in Mannheim 26.2 - 9.3. 1973, veranstaltet vom "Institut für deutsche Sprache," Mannheim und vom "Goethe-Institut," München, hg. von Otmar Werner und Gerd Fritz. München 1975. 262 - 271.
- 1974. Die Unerbittlichkeit der Logik. *Der Regelbegriff in der Praktischen Semantik*, hg. von Hans Jürgen Heringer. (Suhrkamp Taschenbuch Wissenschaft 94) Frankfurt a.M. 111 - 132.

Strecker, Bruno, 1975. *Argumentation und die Möglichkeit von Rechtsprechung.* (Vortrag beim Kolloquium "Argumentationstheorie" im Zentrum für interdisziplinäre Forschung,Juni 1975)Bielefeld. (Vervielfältigt).

Struck, Gerhard, 1975. *Materialien zu einer Theorie juristischer Argumentation.* Tübingen. (Vervielfältigt).

Tarski, Alfred, 1936. Der Wahrheitsbegriff in den formalisierten Sprachen. *Studia Philosophica* 1. 261 - 405.
- 1969. Truth and Proof. *Scientific American.* June 1969. 63 - 77.

Tuiavii aus Tiavea, 1922. *Der Papalangi.* Buchenbach.

Victoria, Franciscus de, 1952. *De Indis Recenter Inventis et De Jure Belli Hispanorum in Barbaros : Relectiones 1539.* Lateinischer Text nebst deutscher Übersetzung, hg. von Walter Schätzel. (Die Klassiker des Völkerrechts) Tübingen.

Viehweg, Theo, 1974. *Topik und Jurisprudenz.* (Beck'sche Schwarze Reihe) München. 5. erweiterte Auflage.

Weinberger, Ota, 1975. *Faktentranszendierende Argumentation.* (Vortrag beim Kolloquium "Argumentationstheorie" im Zentrum für interdisziplinäre Forschung, Juni 1975) Bielefeld. (Vervielfältigt).

Winch, Peter, 1966. *Die Idee der Sozialwissenschaft und ihr Verhältnis zur Philosophie.* (Suhrkamp Theorie 2) Frankfurt a.M.
- 1972. *Ethics and Action.* London.

Wittgenstein, Ludwig, 1922. *Tractatus Logico-Philosophicus.* London.
- 1953. *Philosophische Untersuchungen.* Oxford.
- 1967. *Bemerkungen zu den Grundlagen der Mathematik.* Oxford.
- 1967a. *Zettel.* Oxford.
- 1969. *Philosophische Grammatik.* Oxford.
- 1970. *Über Gewißheit.* (Bibliothek Suhrkamp) Frankfurt a.M.

Zilboorg, Gregory, 1935. *The Medical Man and the Witch during the Renaissance.* Baltimore.

FSC
www.fsc.org
MIX
Papier | Fördert
gute Waldnutzung
FSC® C083411

Kolibri 360 GmbH
Ferdinand-Jühlke-Straße 7
99095 Erfurt, Deutschland
produktsicherheit@kolibri360.de